中国传统村落保护与发展
系列丛书

国家出版基金项目

辽沈地区民族特色乡镇建设控制指南

朴玉顺 编著

中国建筑工业出版社

编委会

总编委会

本册编委会

主编：

朴玉顺

参编人员：

彭晓烈　马雪梅　林　慧　原砚龙　刘万迪　李　皓　庞一鹤　刘　盈　窦晓冬　徐　超
楚家麟　刘　钊　秦家璐　吕舒宁

审稿人：

陈伯超

总　序

传统村落，又称古村落，指村落形成较早，拥有较丰富的文化与自然资源，具有一定历史、文化、科学、艺术、经济、社会价值，应予以保护的村落。

我国是人类较早进入农耕社会和聚落定居的国家，新石器时代考古发掘表明，人类新石器时代聚落遗址70%以上在中国。农耕文明以来，我国形成并出现了不计其数的古村落。尽管曾遭受战乱和建设性破坏，其中具有重大历史文化遗产价值的古村落依然基数巨大，存量众多。在世界文化遗产类型中，中国古村落集中国古文化、规划技术、营建技术、工艺技术、材料技术等之大成，信息蕴含量巨大，具有极高的文化、艺术、技术、工艺价值和人类历史文化遗产不可替代的唯一性，不可再生、不可循环，一旦消失则永远不能再现。

传统村落是中华文明体系的重要组成部分，是中国农耕文明的精粹、乡土中国的活化石，是凝固的历史载体、看得见的乡愁、不可复制的文化遗存。传统村落的保护和发展就是工业化、城镇化过程中对于物质文化遗产、非物质文化遗产以及传统文化的保护，也是当下实施乡村振兴战略的主要抓手之一，更是在新时代推进乡村振兴战略下不可忽视的极为重要的资源与潜在力量。

党中央历来高度关注我国传统村落的保护与发展。习近平总书记一直以来十分重视传统村落的保护工作，2002年在福建任职期间为《福州古厝》一书所作的序中提及："保护好古建筑、保护好文物就是保存历史、保存城市的文脉、保存历史文化名城无形的优良传统。"2013年7月22日，他在湖北鄂州市长港镇峒山村考察时又指出："建设美丽乡村，不能大拆大建，特别是古村落要保护好"。2013年12月，习近平总书记在中央城镇化工作会议上发出号召："要依托现有山水脉络等独特风光，让城市融入大自然；让居民望得见山、看得见水、记得住乡愁。"2015年，他在云南大理白族自治州大理市湾桥镇古生村考察时，再次要求："新农村建设一定要走符合农村的建设路子，农村要留得住绿水青山，记得住乡愁"。

传统村落作为人类共同的文化遗产，其保护和技术传承一直被国际社会高度关注。我国先后签署了《关于古迹遗址保护与修复的国际宪章》（威尼斯宪章）、《关于历史性小城镇保护的国际研讨会的决议》、《关于小聚落再生的宣言》等条约和宣言，保护和传承历史文化村镇文化遗产，是作为发展中大国的中国必须担当的历史责任。我国2002年修订的《文物保护法》将村镇纳入保护范围。国务院《历史文化名城名镇名村保护条例》对传统村落保护规划和技术传承作出了更明确的规定。

近年来，我国加强了对传统村落的保护力度和范围，传统村落已成为我国文化遗产保护体系中的重要内容。自传统村落的概念提出以来，至2017年年底，住房和城乡建设部、文化部、国家文物局、财政部、国土资源部、农业部、国家旅游局等相关部委联合公布了四批共计4153个中国传统村落，颁布了《关于加强传统村落保护发展工作的指导意见》等相关政策文件，各级政府和行业组织也制定了相应措施和方案，特别是在乡村振兴战略指引下，各地传统村落保护工作蓬勃开展。

我国传统村落面广量大，地域分异明显，具有高度的复杂性和综合性。传统村落的保护与发展，亟需解决大多数保护意识淡薄与局部保护开发过度的不平衡、现代生活方式的诉求与传统物质空间的不适应、环境容量的有限性与人口不断增长的不匹配、保护利用要求与经济条件发展相违背、局部技术应用与全面保护与提升的不协调等诸多矛盾。现阶段，迫切需要优先解决传统村落保护规划和技术传承面临的诸多问题：传统村落价值认识与体系化构建不足、传统村落适应性保护及利用技术研发短缺、传统村落民居结构安全性能低下、传统民居营建工艺保护与传承关键技术亟待突破，不同地域和经济发展条件下传统村落保护和发展亟需应用示范经验借鉴等。

另一方面，随着我国城镇化进程的加快，在乡村工业化、村落城镇化、农民市民化、城乡一体化的大趋势下，伴随着一个个城市群、新市镇的崛起，传统村落正在大规模消失，村落文化也在快速衰败，我国传统村落的保护和功能提升迫在眉睫。

在此背景之下，科学技术部与住房和城乡建设部在国家"十二五"科技支撑计划中，启动了"传统村落保护规划与技术传承关键技术研究"项目（项目编号：2014BAL06B00）研究，项目由中国建筑设计研究院有限公司联合中国城市规划设计研究院、华南理工大学、西安建筑科技大学、四川美术学院、湖南大学、福州市规划设计研究院、广州大学、郑州大学、中国建筑科学研究院、昆明理工大学、长安大学、哈尔滨工业大学等多个大专院校和科研机构共同承担。项目围绕当前传统村落保护与传承的突出难点和问题，以经济性、实用性、系统性和可持续发展为出发点，开展了传统村落适应性保护及利用、传统村落基础设施完善与使用功能拓展、传统民居结构安全性能提升、传统民居营建工艺传承、保护与利用等关键技术研究，建立了传统村落保护与发展的成套技术应用体系和技术支撑基础，为大规模开展传统村落保护和传承工作提供了一个可参照、可实施的工作样板，探索了不同地域和经济发展条件下传统村落保护和利用的开放式、可持续的应用推广机制，有效提升了我国传统村落保护和可持续发展水平。

中国建筑设计研究院有限公司联合福州市规划设计研究院、中国城市规划设计研究院等单位共同承担了"传统村落保护规划与技术传承关键技术研究"项目"传统村落规划改造及民居功能综合提升技术集成与示范"课题（课题编号：2014BAL06B05）的研究与开发工作，基于以上课题研究和相关集成示范工作成果以及西北和东北地区传统村落保护与发展的相关研究成果，形成了《中国传统村落保护与发展系列丛书》。

丛书针对当前我国传统村落保护与发展所面临的突出问题，系统地提出了传统村落适应性保护及利用，传统村落基础设施完善与使用功能拓展，传统民居结构安全性能提升，传统营建工艺传承、保护与利用等关键技术于一体的技术集成框架和应用体系，结合已经开展的我国西北、华北、东北、太湖流域、皖南徽州、赣中、川渝、福州、云贵少数民族地区等多个地区的传统村落规划改造和民居功能综合提升的案例分析和经验总结，为全国各个地区传统村落保护与发展提供了可借鉴、可实施的工作样板。

《中国传统村落保护与发展系列丛书》主要包括以下内容：

系列丛书分册一《福州传统建筑保护修缮导则》以福州地区传统建筑修缮保护的长期实践经验为基础，强调传统与现代的结合，注重提升传统建筑修缮的普适性与地域性，将所有需要保护的内容、名称分解到各个细节，图文并茂，制定一系列用于福州地区传统建筑保护的大木作、小木作、土作、石作、油漆作等具体技术规程。本书由福州市城市规划设计研究院罗景烈主持编写。

系列丛书分册二《传统村落保护与传承适宜技术与产品图例》以经济性、实用性、系统性和可持续发展为出发点，系统地整理和总结了传统村落保护与发展亟需的传统村落基础设施完善与使用功能拓展，传统民居结构安全性能提升，传统民居营建工艺传承、保护与利用等多项技术与产品，形成当前传统村落保护与发展过程中可以借鉴并采用的适宜技术与产品集合。本书由中国建筑设计研究院有限公司陈继军主持编写。

系列丛书分册三《太湖流域传统村落规划改造和功能提升——三山岛村传统村落保护与发展》作者团队系统调研了太湖流域吴文化核心区的传统村落，特别是系统研究了苏州太湖流域传统村落群的选址、建设、演变和文化等特征，并以苏州市吴中区东山镇三山岛村作为传统村落规划改造和功能提升关键技术示范点，开展了传统村落空间与建筑一体化规划、江南水乡地区传统民居结构和功能综合提升、苏州吴文化核心区传统村落群保护和传承规划、传统村落基础设施规划改造等集成与示范，对集成与示范成果进行编辑整理。本书由中国建筑设计研究院有限公司刘晓峰主持编写。

系列丛书分册四《北方地区传统村落规划改造和功能提升——梁村、冉庄村传统村落保护与发展》作者团队以山西、河北等省市为重点，调查研究了北方地区传统村落的选址、格局、演变、建筑等特征，并以山西省平遥县岳壁乡梁村作为传统村落规划改造和功能提升关键技术示范点，开展了北方地区传统民居结构和功能综合提升、传统历史街巷的空间和景观风貌规划改造、传统村落基础设施规划改造、传统村落生态环境改善等关键技术集成与示范，对集成与示范成果进行编辑整理。本书由中国建筑设计研究院有限公司林琢主持编写。

系列丛书分册五《皖南徽州地区传统村落规划改造和功能提升——黄村传统村落保护与发展》作者团队以徽派建筑集中的老徽州地区一府六县为重点，调查研究了皖南徽州地区传统村落的选址、格局、演变、建筑等特征，并以安徽省休宁县黄村作为传统村落规划改造和功能提升关键技术示范点，开展了传统村落选址与空间形态风貌规划、徽州地区传统民居结构和功能综合提升、传统村落人居环境和基础设施规划改造等的关键技术集成与示范，对集成与示范成果进行编辑整理。本书由中国建筑设计研究院有限公司李志新主持编写。

系列丛书分册六《福州地区传统村落规划更新和功能提升——宜夏村传统村落保护与发展》作者团队以福建省中西部地区为重点，调查研究了福州地区传统村落的选址、格局、演变、建筑等特征，并以福建省福州市鼓岭景区宜夏村作为传统村落规划改造和功能提升关键技术示范点，开展了传统村落空间保护和有机更新规划、传统村落景观风貌的规划与评价、传统村落产业发展布局、传统民居结构安全与性能提升、传统村落人居环境和基础设施规划改造等的关键技术集成与示范，对集成与示范成果进行编辑整理。本书由福州市城市规划设计研究院陈硕主持编写。

系列丛书分册七《赣中地区传统村落规划改善和功能提升——湖州村传统村落保护与发展》作者团队以江西省中部地区为重点，调查研究了赣中地区传统村落的选址、格局、演变、建筑等特征，并以江西省峡江县湖洲村作为传统村落规划改造和功能提升关键技术示范点，开展了传统村落选址与空间形态风貌规划、赣中地区传统民居结构和功能综合提升、传统村落人居环境和基础设施规划等的关键技术集成与示范，对集成与示范成果进行编辑整理。本书由中国城市规划设计研究院郝之颖主持编写。

系列丛书分册八《云贵少数民族地区传统村落规划改造和功能提升——碗窑村传统村落保护与发展》作者团队以云南、贵州省为重点，调查研究了云贵少数民族地区传统村落的选址、格局、演变、建筑和文化等特征，并以云南省临沧市博尚镇碗窑村作为传统村落规划改造和功能提升关键技术示范点，开展了碗窑土陶文化挖掘和传承、传统村落特色空间形态风貌规划、云贵少数民族地区传统民居结构安全和功能提升、传统村落人居环境和基础设施规划改造等的关键技术集成与示范，对集成与示范成果进行编辑整理。本书由中国建筑设计研究院有限公司陈继军主持编写。

系列丛书分册九《西北地区乡村风貌研究》选取全国唯一的撒拉族自治县循化县154个乡村为研究对象。依据不同民族和地形地貌将其分为撒拉族川水型乡村风貌区、藏族山地型乡村风貌区以及藏族高山牧业型乡村风貌区。在对其风貌现状深入分析的基础上，遵循突出地域特色、打造自然生态、传承民族文化的乡村风貌的原则，提出乡村风貌定位，探索循化撒拉族自治县乡村风貌控制原则与方法。乡村风貌的研究可以促进西北地区重塑地域特色浓厚的乡村风貌，促进西北地区乡村文化特色继续传承发扬，促进西北地区乡村的持续健康发展。本书由西安建筑科技大学靳亦冰主持编写。

系列丛书分册十《辽沈地区民族特色乡镇建设控制指南》在对辽沈地区近2000个汉族、满族、朝鲜族、锡伯族、蒙古族和回族传统村落的自然资源和历史文化资源特色挖掘的基础上，借鉴国内外关于地域特色语汇符号甄别和提取的先进方法，梳理出辽沈地区六大主体民族各具特色的、可用于风貌建设的特征性语汇符号，构建出可以切实指导辽沈地区民族乡村风貌建设的控制标准，最终为相关主管部门和设计人员提供具有科学性、指导性和可操作性的技术文件。本书由沈阳建筑大学朴玉顺主持编写。

《中国传统村落保护与发展系列丛书》编写过程中，始终坚持问题导向和"经济性、实用性、系统性和可持续发展"等基本原则，考虑了不同地区、不同民族、不同文化背景下传统村落保护和发展的差异，将前期研究成果和实践经验进行了系统的归纳和总结，对于研究传统村落的研究人员具有一定的技术指导性，对于从事传统村落保护与发展的政府和企事业工作人员，也具有一定的实用参考价值。丛书的出版对全国传统村落保护与发展事业可以起到一定的推动作用。

丛书历时四年时间研究并整理成书，虽然经过了大量的调查研究和应用示范实践检验，但是针对我国复杂多样的传统村落保护与发展的现实与需求，还存在很多问题和不足，尚待未来的研究和实践工作中继续深化和提高，敬请读者批评指正。

本丛书的研究、编写和出版过程，得到了李先逵、单德启、陆琦、赵中枢、邓千、彭震伟、赵辉、胡永旭、郑国珍、戴志坚、陈伯超、王军（西安建筑科技大学）、杨大禹、范霄鹏、罗德胤、冯新刚、王明田、单彦名等专家学者的鼎力支持，一并致谢！

陈继军

2018年10月

前 言

随着乡村建设从最初的环境整治到乡村特色建设的推进，从事乡村建设研究、规划、设计人员以及各市、县（区）村镇建设主管部门已经意识到当今宜居乡村的建设必须立足于传统文化与传统产业的转型升级，借助新的机遇进行创新逻辑梳理。笔者通过为辽宁省各级村镇建设主管部门提供技术服务——规划、建筑设计与景观设计方案过程中发现在当下轰轰烈烈的特色乡村建设中完全没有可供使用的、具有引导性的参考资料。各市、县（区）村镇的建设主管部门急需一个有科学根据、有针对性、有可操作性的技术资料，尽快实现对辽沈地区乡村风貌建设的准确指导。该书将使辽沈地区相关主管部门以及规划设计人员对"美丽宜居乡村特色怎么建、建成什么样"真正有了底。

1. 编制目的

为贯彻落实《辽宁省人民政府关于开展宜居乡村建设的实施意见》（辽政发〔2014〕12号）精神和全省宜居乡村建设工作会议部署，深入开展各市宜居乡村建设，2014年辽宁省的14个地级市以建设宜居乡村为目标，以提升农民生活品质、推进农村生产生活方式转变为核心，本着"因地制宜、分类指导、规划先行、突出重点"等原则，纷纷制定了相应的实施方案。2014年沈阳市作为辽宁省的省会城市，率先制定了《沈阳市宜居乡村建设实施方案》。当年在全市涉农区、县（市）下辖138个乡镇（街道）、1151个永久保留村，210个阶段保留村，共计1361个行政村（包括1361个中心村和1966个自然屯），开始正式实施。经过近三年的持续投入和建设，全省各市农村的基础设施得到了有效改善，生态环境有了提升，村容村貌有了较大改观。但随着越来越多示范乡（镇）和示范村的建成，"千村一面"的诟病却再一次被加重，相似的文化墙、景观街、大广场、大牌楼随处可见，盲目效仿南方乡村风貌显得辽沈地区乡村风貌不伦不类，令人啼笑皆非，哭笑不得。随着以"特色小镇"为抓手的城镇化进程加快，以及乡村旅游持续升温，人们的需求日益升级、不断转变，人们对乡村的需求不仅要干净、整洁，而且能够尽量保留乡村田园风光的自然风貌，同时要彰显"看得见山、望得见水、记得住乡愁"的意境——乡土的地方风貌特色。面对新的需求，宜居乡村的建设就不应局限在环境整治，如生活垃圾的治理、污水治理、道路及边沟改造等，也不应仅仅局限在设施的完善提升，如给排水设施改造、公共服务设计建设等。在宜居乡村建设中更要注重特色风貌建设，应通过对地域文化的挖掘与传承，将文化元素植入乡村风貌建设的各个方面。

辽沈地区的乡村风貌是否有自己的特色？答案是肯定的，只是缺少挖掘和梳理。该地区的乡村风貌虽没有江南水乡的小桥流水，没有粉墙黛瓦那样引人入胜、举世闻名，甚至有人说这个地区的乡村风貌没有特色，但事实并非如此，这里是中国七大河流之一——辽河流经的核心区域，这里有悠久的历史和独特的民族文化。无论从自然环境角度，还是历史文化角度，这里人们营建的居住环境——村落和建筑一定是别具特色的。

如此有特色的乡村风貌如何去规划、设计和建设？该书编写的目的便是解决辽宁各市县（区）各级建设的主管部门以及相关规划设计人员的燃眉之急。笔者通过对辽宁省所辖各乡村的自然资源特色、历史文化资源特色进行挖掘，梳理出各具特色、可用于风貌建设的特征性语汇符号，构建出可以切实指导辽沈地区乡村风貌建设的技术标准，最终为相关主管部门以及设计人员提供宜居乡村风貌建设的指导性技术资料。

2. 编制的意义与作用

（1）为辽沈地区宜居乡村风貌建设中彰显地域特色和民族特色提供具有科学性、可操作性的技术引导，及时补充了2014年各地在制定宜居乡村建设实施方案在当下的缺失和不足，为"十九大"后、新常态下宜居乡村风貌建设的实施指明了方向，提供了标准。该成果的应用，会使该地区宜居乡村建设迈上更高的台阶。该书也是省内第一个相关问题的研究成果，也必将是一个示范性成果，"一花引来百花开"，在省内将起到示范引领作用。

（2）为全国宜居乡村技术建设标准提供了辽宁的智慧。相比较东部沿海经济发达地区，辽沈地区的宜居乡村建设暂时处于落后的状态。该书通过对所辖10086个自然村中有典型性和代表性的近千个具有地域特色和民族特色村落的翔实调研，对该地区自然资源和历史文化资源的深入挖掘，借鉴国内外地域性特征语汇符号甄别和提取的先进方法，以及城乡建设决策性指标体系的构建方法，所获得研究成果，一定会对全国宜居乡村建设，特别是我国东北、西北地区的宜居乡村建设有所贡献。

3．编制的依据

编写依据包括两个方面：一是理论依据，包括导则编制的一般方法，城市设计导则编制的相关理论，国内外城市设计导则编制的案例，美丽宜居乡村建设控制要求编制的案例，国内外乡村建设控制要求编制的案例，国内外建筑语汇符号提取相关理论以及乡村振兴的相关文件等。二是现实依据，包括辽宁省及所属的14个地级市乡村建设的法规、文件，辽沈地区汉族、满族、朝鲜族、锡伯族、回族和蒙古族的人口、经济发展、历史文化、民族习俗等资料以及现场调研获得的图片、文字及音像等资料。

4．编制的原则

（1）回应国家政策和地方各级乡镇建设主管部门的工作目标——落实"十九大"乡村振兴战略以及辽宁省14个地级市关于开展农村人居环境整治三年行动实施方案编制工作通知。（2）立足长远发展，修补在城镇化过程中，对乡愁的忽略，对民族文化的不自信，在当下轰轰烈烈的乡村建设中深入挖掘、传承和弘扬具有地域特色和民族特色的乡村文化。（3）尊重村庄的历史形成过程，考虑当下的可实施性。（4）各民族传统村落及民居特征性语汇符号提取以及体现各民族特色的村镇建筑风貌控制要求充分体现辽沈地区的地域特点。（5）全面指导，保留个性，充分考虑即便同一民族的不同村庄，因资源禀赋、文化特色不同，也有各自的特征。

5．总体建设目标

辽沈地区的乡村中分别以汉族、满族、朝鲜族、锡伯族、蒙古族、回族为主体民族，且村庄的产业结构与未来的经济发展方向与民族特色相一致的村庄，其建筑和景观风貌应具有各民族鲜明的特点。最终实现如下的美好愿景："契合村庄特征，展现民族特色；链接地域资源，凸显村庄魅力；方便村民生活，凝聚村庄活力；实现对生态、生产、生活的关怀"。

6．特征甄别和提取原则

具有沈阳乡村风貌特征的建筑语汇的甄别和提取是该项目需要解决的最重要的问题，其决定了最后的建设引导是否可靠。今天生活在沈阳市所辖各乡村的汉族、满族、蒙古族、锡伯族、朝鲜族和回族，历史上是不同时期迁入的，在营建居住环境时，即传承各自民族自身的居住习惯、建造方式和审美标准，同时，均结合寒冷的气候和不同的地形地貌，以及当时的经济发展水平，又有新的创造。此外，在辽沈地区几乎没有由单一民族构成的村落，民族融合也是这一地区显著的民族特征，这一点在乡村风貌上也有明显的体现。以上两个原因最终形成了不仅具有辽沈地区总体特色的又具有某个主体民族特征的村落风貌。

特征的甄别与提取依据以下原则：首先，必须具有这六个民族的共性特征；其次，具有突出地融入辽沈地区自然环境特点；最后，必须是该地区这六个民族普遍性和代表性的典型特征。

目 录

第 4 章

/

**辽沈地区朝鲜族
特色村落风貌建
设引导**

109

第 7 章

辽沈地区回族特色村落风貌建设引导

227

第 8 章

/

结语

263

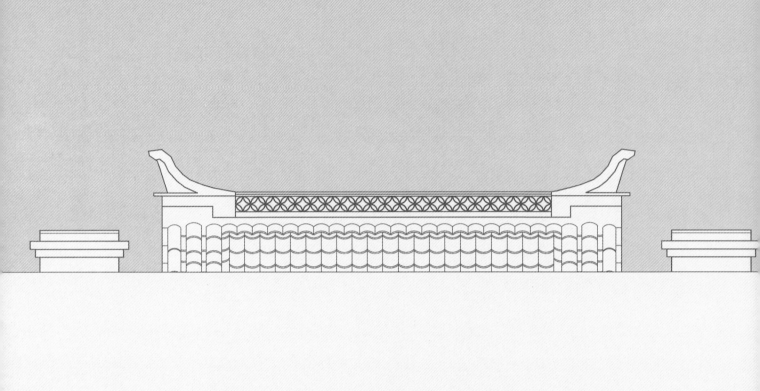

第 1 章

绪　论

01

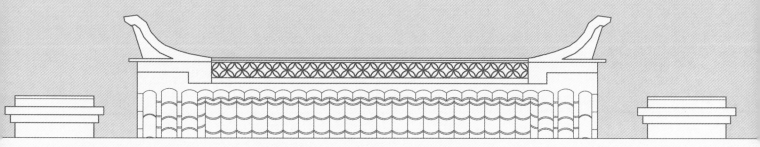

辽沈地区是中国七大河流之一——辽河流经的核心区域，这里有五千年的人类聚居的聚落——新乐遗址，众多的少数民族政权在这里分立迭起，中原汉族在这里进进出出，清之后这里更是作为都城进行营建。清时，满族在这里崛起，南迁的锡伯族人在这里落脚。19世纪后，朝鲜族的流民开始在这里生活。独特的自然环境和多民族民族文化的融合、碰撞是影响该地区村落风貌的主要因素。

1.1 影响辽沈地区村落风貌的自然因素

1.1.1 地理位置

辽宁地处东经118°50′~125°46′、北纬38°43′~43°26′之间。面向太平洋、背靠东北亚大陆，东北、西北和西南分别与吉林省、内蒙古自治区和河北省相邻，南濒黄海、渤海，与山东半岛隔海相望，东南沿鸭绿江与朝鲜半岛接壤。

1.1.2 气候特征

辽宁省地处欧亚大陆东岸、中纬度地区，属于温带大陆性季风气候区。境内雨热同季，日照丰富，气温较高，冬长夏暖，春秋季短，四季分明。雨量不均，东湿西干。全省阳光辐射年总量在100~200卡/平方厘米之间，年日照时数2100~2600小时。春季大部地区日照不足；夏季前期不足，后期偏多；秋季大部地区偏多；冬季光照明显不足。全年平均气温在7~11℃之间，最高气温零上30℃，极端最高可达40℃以上，最低气温零下30℃。受季风气候影响，各地差异较大，自西南向东北，自平原向山区递减。年平均无霜期130~200天，一般无霜期均在150天以上，由西北向东南逐渐增多。辽宁省是东北地区降水量最多的省份，年降水量在600~1100毫米之间。东部山地丘陵区年降水量在1100毫米以上；西部山地丘陵区与内蒙古高原相连，年降水量在400毫米左右，是全省降水最少的地区；中部平原降水量比较适中，年平均降水量在600毫米左右。

在该地区无论哪个民族的村落建设，均深受寒冷气候的影响。无论是从中原迁徙而来的汉族人，还是南迁的锡伯族人，抑或是一直生活在该地区的满族人，乃至从朝鲜半岛移民至该地区的朝鲜族人，都表现出了对阳光的向往和充分利用以及对保温的强烈需求。比如，村落的选址一定在背风向阳之处；作为村落构成基本单元的院落为尽可能广纳阳光，一般布局松散，尺度均较大；主要居住建筑的南向开敞开大窗，而北侧封闭开小窗或不开窗；形态各异的火炕成为该地区主要的采暖方式，与火炕直接相关的烟囱又称为这个地区村落和建筑造型的标志性元素等。

1.1.3 地形地貌

辽宁全省地貌结构大体为"六山一水三分田"，可划分为辽东山地丘陵、辽西山地丘陵和辽河平原三大部分。晚中生代燕山运动造成本区地貌的基本轮廓。其东北部中低山区，属长白支脉吉林哈达岭和龙岗山脉的延续部分；辽东半岛丘陵区，以千山山脉为骨干，构成半岛的脊梁；辽西丘陵山区属浅至中等切割山地丘陵，是内蒙古高原与辽河平原过渡地带；辽河平原位于渤海洼陷的北部，属长期沉降区，北部为辽北平原区，南部为辽河下游三角洲和冲积平原，河曲丰富，形成大面积沼泽地。辽宁位于东北地区南部第一大河——辽河的核心区。辽河发源于河北省七老图山脉光头山（海拔1729米），向东流入内蒙古自治区，在苏家堡附近汇西拉木伦河，称西辽河。东辽河发源于吉林省辽源市，西辽河与东辽河在福德店汇后开始始称为辽河。辽河流入辽宁省，经铁岭后转向西南，至六间房分为两股：一股南流为外辽河，到三岔河汇合浑河、太子河后称大辽河，经营口市注入渤海，全长1430公里。1958年堵截外辽河流路，使浑河、太子河成为独立水系。另一股西南流为双台子河，至盘山汇绕阳河入辽东湾，全长1390公里。辽河流经河北、内蒙古、吉林、辽宁四省区，流域总面积（含浑河、太子河）21.9万平方公里。辽河文化影响的地理空间是辽河流域片。从水文和水文资源角度说，辽河流域片包括辽河流域、大凌河流域、图们江流域、鸭绿江流域及辽河沿海诸小河流域，地跨辽宁、吉林、内蒙古东部、河北省北部四省区，总面积达到34.5万平方公里。辽宁全境均在辽河流域片内，辽河文化对其有着直接的影响。

由于长期的民族融合，完全由单一民族组成的村落几乎没有，但是以某一个或两个为主题民族的村落在该地区的分布是有规律可循的。汉族村落分布在辽宁全境各式各样的地形地貌环境中，这与该地区汉族的迁徙过程有关（下文有详细的剖析）；满族村落集中分布在辽东山区和辽河中部平原，辽东山区是满族人一直生活的地方，而辽河中部平原是清以后，有部分满族人陆续从山上迁移到平原；朝鲜族村落集中分布在辽河平原以及已于开垦水田，可以进行大面积水稻种植的地区；锡伯族作为游牧民族的后裔，锡伯族村落集中分布在辽河中游、地势平坦、水源丰富的地区，极少数因戍边分布在中朝边境的山中；蒙古族和回族集中分布在辽宁西部和西北部的低山丘陵以及从蒙古草原向东的过渡地段。

影响辽沈地区村落风貌的人文因素

辽宁省是一个多民族省份。据2010年统计，共有汉族、满族、蒙古族、朝鲜族、回族、锡伯族等42个民族，其中少数民族人口670万人，占全省总人口的16.02%。

1.2.1 辽沈地区主要少数民族的来源和分布

辽宁省内居住的最主要的少数民族有五个，即满族、蒙古族、朝鲜族、回族和锡伯族。这五个民族，在辽宁的少数民族中，历史悠久，人口较多，居住也比较集中（图1-2-1），民族特点比较突出。

1.2.1.1 满族

满族是辽宁省人口最多的少数民族。根据第六次全国人口普查，辽

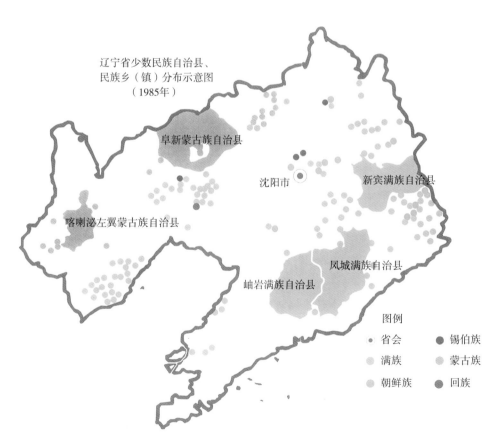

图1-2-1　辽宁省少数民族分布示意图（图片来源：《辽宁省民族志》）

宁省境内的满族人口为533.7万人，占全省少数民族人口的80.3%，占全国满族人口的50.4%，居全国第一位。辽宁满族主要分布在抚顺、丹东、本溪、铁岭、大连、营口等广大地区。这一带满族人口达270万，占全省满族人口的67%以上；锦州地区满族人口在110万以上，占全省满族人口的27%以上；此外，沈阳、辽阳等地约有满族人口30万，占全省满族人口的6%左右。可见，满族分布于辽宁省各地，与汉族和其他少数民族杂居共处，但90%以上的人居住在山区农村，较集中的居住区有辽东的新宾、抚顺、清原、本溪、桓仁、宽甸、凤城、岫岩、开原、西丰，辽西的北镇、义县、兴城、绥中等地。辽宁是满族的发祥地，辽宁满族人口众多，但辽宁的满族并非都是原住民，其来源大致有以下几种情况。第一种情况是留驻的旗兵：清军入关后，剩余少量的满族八旗官兵留驻辽宁地区，主要分布在今新宾、辽阳、北镇、熊岳、兴城、凤凰城、牛庄、岫岩、义县、海城、营口、锦州等地，经过世代的繁衍，他们的后裔成为辽宁满族人口的重要组成部分；第二种情况是留居王庄的奴仆：清军入关，居住在辽宁王庄中的奴仆几乎全部留居下来，并以本溪为主要聚集地生息繁衍；第三种情况是从外地派遣的八旗官兵：康熙初年，为充实发祥重地盛京恢复生产，抗击沙俄入侵，康熙皇帝开始派遣少数的八旗兵丁回辽宁驻防或种地，并将锦州、凤凰城等八处荒地下分进行耕种；第四种情况是关内汉人迁入垦荒：顺治年间中期，清朝颁布了辽东招民垦荒令，鼓励关内农民到东北垦荒，关内一批汉族人应诏来到辽宁地区并加入八旗。

四种不同的来源形成了四种不同的村落特点，第一种和第二种以驻留满族人为主形成的村落，其村落的选址、布局更具有早期以渔猎为主的女真人，他们喜欢择高而居，村落有的位于山顶，有的位于半山腰，村中的重要建筑一般位于村落的最高处，而不是正中位置；民居也多采用高台院落；崇尚"以西为尊"的思想，民居西屋与东屋采用不同的梁架结构，等等。第三种由外地派遣的八旗官兵驻防或种地形成的村落，以戍边和农耕为主，一般多与汉族混居和杂居，村落选址在易于耕种、地势平缓之处，民居院落形态更多是与农耕的生产方式有关，与民族风俗的关系不大，特别是位于辽西的满族民居，单体建筑的外观形式一律采用当地传统的囤顶房。第四种由关内汉族人迁入垦荒并加入八旗的村落，更多保留了关内汉族的生产生活方式，其村落形态、民居形式在保留关内做法的基础上，均结合该地区的气候条件进行了进一步的创造。

1.2.1.2 蒙古族

根据第六次全国人口普查，居住在辽宁省境内的蒙古族人口为65万人，蒙古族人口数量超过千人的城区是阜新、朝阳和沈阳。辽宁省有两个蒙古族自治县、12个蒙古族乡和五个蒙古族满族乡。在辽宁少数民族中蒙古族人口数仅次于满族。主要分布在辽西朝阳、阜新两个地区及辽宁北部的昌图、康平、法库等县。13世纪初，蒙古汗国努力南扩，蒙古族开始进入辽西一带。此后历经元、明、清三代，蒙古族一直没有离开过辽宁。蒙古族是在辽宁繁衍生息最久并且没有中断的最古老的少数民族。元代，蒙古族是统治民族。明代，蒙古封建统治者被迫退回草原，但辽宁境内还有一些蒙古人以遗留民、内附民等形式持续生活下来。此外，在明朝直接控制线之外的江西、江北地区，还驻牧着归顺明朝的兀良哈蒙古人。明末，蒙古喀喇沁部、土默特部、蒙郭勒津部和科尔沁部的一部分，逐渐南移到兀良哈部住地，兼并和融合了兀良哈部。清代，除上述一直生活在辽宁的蒙古族外，在康熙年间，又将北京的部分入旗蒙古族及其家属、张家口外的巴尔虎蒙古族人，先后调驻辽宁的新宾、凤城、岫岩以及开原等地。其后，这些蒙古族人一直居住在这些地方。蒙古族在文化、艺术、体育、医药等方面，有显著的特点和成就。在文化艺术方面，辽宁蒙古族创造了大量民歌、民谣音乐和舞蹈，具有浓郁的民族色彩。在医药方面，辽宁的蒙医蒙药独具特点，享誉中外。在传统体育活动中，赛马、摔跤、射箭等项目代代相传。在风俗习惯的许多方面，仍保留着浓郁的民族风格。

今天在辽沈地区能够看到的蒙古族村落有两种情况，一种是由一直生活在该地区的蒙古族人形成的村落，这种村落一般形成较晚。众所周知，蒙古族是游牧民族，新中国成立后才逐渐由游牧发展成定牧，由以畜牧为主逐渐发展到以畜牧和农耕为主，至今以农耕为主。由于在以游牧为主的年代是没有固定的聚居处，随着农耕文化的植入，才有了相对固定的聚居处——村落。所以一方面，我们今天看到的蒙古族村落从布局形态到建筑形式均有着明显汉文化植入的痕迹；另一方面，无论社会怎样发展，以蒙古族为主的村落，畜牧一直是其重要的产业之一，村落在构成、布局上又有着其他民族没有的特点，比如，民居的院落特别大，里面设有堆放大量喂养牲畜的草堆和加工草的车间，以及圈养牛羊的房间。而院落之间的距离相对较远，布局较为分散；村中都有大小不等的敖包，有的还有专门举办睦邻节等民族活动的场所，有的村还有喇嘛教寺庙和喇嘛塔等。另一种是由先进驻关内后又调回的蒙古官兵及家属的后裔形成的村落，主要以农耕为主，一般多与汉族、满族等其他民族混居和杂居，村落选址在易于耕种、地势平缓之处，民居建造方式、外观造型更多是与当地的建筑材料和传统的建造方式有关，除了局部装饰仍可见蒙古族民族特点外，其他与民族风俗的关系不大。

1.2.1.3 朝鲜族

根据第六次全国人口普查，全国朝鲜族人口约200万，居住在辽宁省境内的朝鲜族人口为23万，其中朝鲜族人口较集中的城市是丹东市和沈阳市，省内共有13个朝鲜族乡镇。

朝鲜族是19世纪中叶以后，分四次从朝鲜半岛迁入包括辽宁省在内的中国东北地区。第一次是从1860年开始，随着清政府封禁政策的松弛，同时由于朝鲜北部地区受到自然灾害及不堪忍受统治阶级的剥削，一部分朝鲜人渡过鸭绿江进入中国东北境内，这部分流民主要分布在通化、桓仁、新宾和宽甸等县。第二次是1910年，日本侵略朝鲜半岛后，部分朝鲜人民因不堪忍受日本帝国主义的压迫和奴役，纷纷迁入中国东北，这部分移民主要因为政治因素而迁入，不仅限于农民，还有工人、知识分子、军人及各阶层的民众，当时迁入人口最多的县为新宾，其余沈阳、新民、抚顺、本溪、桓仁、集安、长白和宽甸等县都超过了1万人。由以上两种垦荒的流民自发形成村落，其大小根据开垦水稻面积的多少而定，村落呈不规则的布局形态，每户的院落大小不一。第三次是1936年，东北地区沦陷后，日本为了满足军需物资和进一步掠夺东北资源开始进行了强制移民，把朝鲜移民组成"开拓移民团"迫使其在松花江下游和东辽河一带种植水稻，此政策使辽宁境内的朝鲜族农户近万户，在铁岭、新宾、盘锦形成了许多朝鲜移民村，同时也有不少自发的移民在辽宁各地定居。由于是有组织的"开拓"，所以村落有统一的布局，整体形态较为规则，每户的院落大小相似，排列较为整齐。第四次是1949年，新中国成立后，由于工作调动和分配，从其他地区迁入辽宁省内的朝鲜居民也有不少，多分布在阜新和沈阳新城子区。只有这部分朝鲜族大多数散居在汉族或其他民族的村落中，没有自成村落。

朝鲜族有自己的语言和文字。朝鲜族大部分居住在农村，农业是朝鲜族经济的主要产业。20世纪初期开始朝鲜族大批开发水田，为辽宁水稻生产的发展，做出了突出的贡献。在辽宁省的少数民族中，数量仅次于满族和蒙古族，主要分布在大中城市和县城，一般在城市自成社区，在农村多自成村落。

1.2.1.4　锡伯族

锡伯族在全国的31个省、自治区、直辖市均有分布，主要集中聚居在辽宁省。根据第六次全国人口普查，辽宁省境内的锡伯族人口共有13.3万人，占全国锡伯族人口的70.3%。辽宁地区的锡伯族以沈阳、铁岭、大连、锦州、丹东较为集中，又以沈阳地区人数最多。辽宁地区的锡伯族乡镇有沈阳市兴隆台锡伯族镇、黄家锡伯族乡、石佛寺朝鲜族锡伯族乡、开原市八宝屯满族锡伯族朝鲜族乡、锦州市义县高台子满族锡伯族乡、丹东东港市龙王庙满族锡伯族镇等。

今辽宁境内锡伯族是从黑龙江和吉林两地迁来的，既有零星迁徙，也有成批而来，锡伯族迁徙都是官兵和家眷同行，到达辽宁后，被安置在各地区。主要的两次迁徙情况如下：第一次是部分南迁，清顺治年间居住于黑龙江、吉林的锡伯族零星南迁至沈阳、辽阳等地。第二次是成批南迁，清康熙年间为加强沈阳地区的防务，锡伯族成批迁入沈阳，主要是乌拉伯都讷和齐齐哈尔等地驻防八旗满洲中锡伯族官兵、附丁和家眷。

由于辽沈地区的锡伯族村落最初基本上是由驻防八旗满洲中锡伯族官兵附丁和家眷聚居而成。被编入满八旗的锡伯族人，为了尽可能靠近与满族人距离，那时的锡伯族人从管理体制、生产方式、生活方式等方面处处均学习满族，所以村落的构成、形态、尺度等整体特点上看均与当时满族人聚居的村落极其相似。这也正是后人很难将锡伯族与满族的聚落、民居清晰区别出来的原因。经过近年的研究发现，尽管如此，锡伯族的村落和民居在许多细节上还是呈现出了明显的民族特色。

1.2.1.5　回族

根据第六次人口普查，居住在辽宁省境内的回族人口为24.6万，分布特点为"大分散，小聚居"，即在辽宁各地均有分布，但是由于宗教信仰、习俗和商业传统，回族人多居住在交通沿线县镇，以清真寺为中心聚居。辽宁省朝阳市建平县的北二十家子镇是唯一一个辽宁省的回族乡镇。

回族在辽宁居住的历史，至少有六百年以上。唐朝以来，不少信仰伊斯兰教的波斯人和阿拉伯人到辽东经商或搞运输，成为辽沈地区回族先民的一部分。到了元代，有不少回族上层人士被派驻辽宁各地任官，不但其部署至亲随从而至，亲戚旧故也会追随而来，致使回族人口增多。至元二十年，平定海都之乱、乃颜之乱，安插不少回族人在辽宁各地从事农业生产。到元末明初，随着明政府对辽东的平定和地方经济的恢复与发展，回族人大批迁入辽东、辽西各地。明代迁入辽沈地区回族主要为随军或赴任迁入、出关经商、出关避难三种形式。明末，由于信仰和习俗，以及经济生活等原因，各地都建有清真寺，大多都在清真寺周围形成小的回民聚居区。清代各个时期都有回民迁入辽沈地区，先来者定居后，呼引亲朋到此，聚族而居。在顺治八年由于颁布了移民制令和辽东开垦令，拨关内汉民等出关，分给荒地垦荒定居，有不少回族人随汉族人迁入辽东垦荒谋生，致使辽沈各地回族人口剧增。现居住辽宁的回族人，绝大多数都是历代迁入该地区的回族后裔。

由于辽沈地区的回族具有明显"大分散，小聚居"的分布特点，目前被认定为回族村的村落，回族人口一般在30%～40%之间。这类村落不同于其他民族村落的典型特点就是一定有清真寺，有的村还有回族专门的屠宰场，以及因尊重其独特民族习惯而开辟的回族人墓地。村落中建筑的建造方式和建筑形态主要取决于当地的建筑材料和建造传统，只有外门上明显的"清真言"，标识出其是回族人家。而建筑的室内外装饰既体现回族自身的特点，又有明显与汉、满、蒙等多民族融合的特点。

1.2.2　辽沈地区历代汉族移民和地域开发

辽沈地区从夏初开始至清末民国初年，历代都有汉族人迁入。夏初，华夏族一支移居辽西，建立孤竹国。他们是该地区的汉族先世。商代，古商人两次大规模进入该地区，箕氏族团是其中之一。古燕人也多次北上，"抵辽西地区大凌河流域。"[1]春秋时期，公元前七世纪中期，齐国成为中原霸主。生活在山东半岛的齐人打通沿渤海西北岸的走廊，大军直插辽宁东南部，来到辽宁，成为军事主力。公元前280年左右，燕军北上，却东胡、败朝鲜、灭貊国。将辽西、辽东，直至朝鲜半岛北部广大地区均纳入管辖范围之内。战国时期，燕人北上幅度远大于商代箕氏族团北上、周初燕人北进和春秋时期齐人北征。突破了

❶ 中国科学院考古所. 中国的考古发现和研究［M］. 北京：文物出版社，1984：261.

辽宁南部界线，来到其北部，甚至进入吉林省南部。大幅度北上之同时，又努力东徙。公元前227年，燕败于秦，燕王喜和太子丹退守辽东郡（治襄平即今辽阳）。秦汉至南北朝时期，是该地区汉族人口剧增时期。秦代华夏人在东北足迹超过前代，达及今吉林省西北部的鲜卑山和朝鲜半岛南部。汉朝时，该地区汉族移民增加主要有四种形式：一是西汉的自发移民，二是辽东屯田，三是夫余、高句丽的掳掠，四是战乱时期的汉族人流民。汉武帝元封三年（公元前108年）平朝鲜，设置乐浪、玄菟、临屯、真番四郡。四郡及郡下各县有相当大的一部分是汉族人口。汉武帝为了防御匈奴，推行戍边屯田政策，从朔方至辽东让兵士在辽东地区既担负守卫疆土的责任，又兼有开荒种地的任务。两汉递嬗之际，中原大乱，但该地区相对安定，故汉族人口纷纷前来。建武元年（公元25年），光武帝率兵北上，打击转战在北方的各支农民起义队伍。起义军连续败北，从今渔阳、平州等地散入辽西、辽东。东汉时期，夫余与高句丽称雄东北，在与中央王朝的冲突中，既掠掳了财产，又掠掳了汉族人口。阳嘉元年（公元133年）十二月，汉顺帝复置玄菟郡屯田六部。据考，系在"今辽宁抚顺、沈阳及其西南的浑河两岸。"[1]除在当地募民外，还从中原移民，于是颇具规模的汉族人口，北上东北，进入玄菟郡。商周至西汉，该地区汉族人口之分布，辽西一直多于辽东。这一情况在东汉时期却发生根本性变化。特别是东汉末，公孙氏割据于此，颇重视经济、文化建设。汉末黄巾起义暴发到魏、晋、南北朝时期，中原的战乱始终没能平息，致使原籍为今华北地区与山东地区的汉族大量进入该地区。北魏政权建立后，为充实中原的农业人口，又将辽西等地的不少汉人强迁回中原。所以，北魏时期辽河流域的汉族人口没有增加，而发生了两次逆向迁徙，户数和人口有所减少。晋朝汉族向该地区的迁移主要也有两种形式：一是汉人流民的投奔，二是强制性和掠夺性迁移。"从流民来源看，主要还是冀、司青、并四州，即今河北和山西大部，河南北部和东部，山东东北和北部。"[2]公元338年后，数以十万计的人口被集中迁入。晋升平元年（公元357年），慕容由蓟迁往邺，随着前燕疆域的扩张，政治中心逐渐从辽西转向中原，移民迁往新都附近，辽河流域已成为移民输出地，至此，汉族人由内地向辽河流域的移民告一段落。隋代仅于辽宁省西部设柳城（今辽宁省朝阳市）、燕（今义县）和辽东（今新民县东北）三郡，为汉族人的主要分布地区，其余的广大地区均是高丽、契丹、室韦、靺鞨等周边民族的区域。唐玄宗时发生了"安史之乱"，安禄山与史思明从东北的辽宁带走了一批汉族，侯希逸一次带走两万人至青州。经过这次动乱，使东北地区，特别是辽西地区较少有汉族人的足迹。辽、金时期，契丹族和女真族兴起，东北统一以后，辽不断南下扩张，直到辽宋签订"澶渊之盟"，在此之前长达百年中，遍及河北和河南的北部、中部地区，规模空前的中原汉族人民通过自愿和被迫（以被迫为主）两种方式，大批迁入辽的统治地区。1115年，女真族建立金国，天辅六年十二月，金军攻占燕京，次年四月，金代强制性移民从此开始。金灭辽后，挥兵南下，从而将掳掠人口的区域扩大到北宋的广大地

[1] 中国科学院考古所. 中国的考古发现和研究[M]. 北京：文物出版社，1984：261.

[2] 葛剑雄. 中国移民史（第二卷）先秦至魏晋南北朝时期[M]. 福州：福建人民出版社，1997：436.

区。天会五年（1127年）金灭北宋，天会七年（1129年）金军过长江，江南也成为女真族掳掠的地区。金朝迁都，东北不再是金朝的中心，大批该地区的少数民族开始内迁中原，汉人向辽宁移民的浪潮基本停止。金代汉族人在东北的分布和辽代有很大不同。辽代汉族人集中在今辽宁中部和西部、内蒙古东南部及吉林西部，金代则扩展到黑龙江省松花江以南的广大区域。

明朝在东北的实际边界局限在辽东地区。军人和家属是此时期该地区汉族移民的主体，戍守和屯垦成为移民的主要形式。此时期，汉族移民主要有四大来源：一是随辽东镇的逐步建立而迁入的军户移民；二是因获罪被发配充军的谪迁流人；三是自发性移民，从寄籍者的分布来看，辽东半岛南端各卫的寄籍人数最多，此即与山东流民泛海而来有关；四是明末，后金政权强大后，对中原进行抢掠，皇太极时期共五次大规模入塞掠夺，总计被俘人口95万人左右。以上四类移民主要分布在辽河中下游的辽东地区，也有少数进入女真族、蒙古族聚居区。

总体来看，辽沈地区的汉族人口经历了三次剧烈增加期：一是两汉至隋时期是汉族人口最初剧烈增加的时期；二是辽、宋、金、元时期是辽河流域汉族人数第二次急剧增加的时期；三是明朝时期是辽河流域汉族人数第三次急剧增加的时期。正是这一时期，汉族成为该地区的多数民族。随着满族入主中原，辽沈地区成为中原朝廷辖区。清朝东北移民可划分为三个时期：1644～1667年（顺治元年至康熙六年）的招垦期、1668～1859年（清康熙七年至咸丰九年）的封禁期、1860～1911年（清咸丰十年至宣统三年）的开放期。1644年（清顺治元年），清廷入主中原，满族百姓"从龙入关，尽族西迁"，造成该地区人口锐减，"辽沈大地一时是野无农夫，路无商贾，土旷人稀，生计凋敝"。[1]为重建辽东经济、巩固后方根据地，清廷推出了辽东招民开垦政策。在招垦优厚条件下，"燕陆穷氓闻风踵至"，"担担提篮，或东出榆关，或北渡渤海"[2]有效地改变了该地区的风貌和人口构成。1668年（清康熙七年），为保护满族的龙兴之地，清廷废除辽东招垦令，开始消极限制汉人移入。以柳条边为界，外为蒙古族游牧区和满族渔猎区，禁止汉人进入垦荒。至1740年（清乾隆五年），清政府正式发布对东北的封禁令，从陆路和海上全面严禁移民进入。但是，绝对的封禁从没有实行过，迫于生活压力和自然灾害，越来越多山东和直隶等省农民或泛海偷渡到辽东，或私越长城到辽西。由于他们是闯关进入的，因此被称为"闯关东"。由于清廷对东北的封禁，造成该地区人烟稀少，边防空虚，致使沙俄、日本有机可乘。直到清咸丰末年，迫于列强压力，将黑龙江大片领土割让给沙俄。清政府才开始转变政策，主动向东北移民。清末对东北的开禁放垦，从大部开放、局部封禁到全面开放。1860年（清咸丰十年），最早开放了哈尔滨以北的呼兰河平原。据1910年（清宣统二年）统计，仅山东一省人民每年从烟台、登州、龙口到达东北者就达三十五、六万人。民国时期的移民政策是晚清"移民实边"的继续，但实施力度大大加强，成为人类有史以来最大

❶ 葛剑雄. 中国移民史（第二卷）先秦至魏晋南北朝时期［M］. 福州：福建人民出版社，1997：436.

❷ 石方. 清代黑龙江移民探讨［J］. 黑龙江文物丛刊，1984（3）：64.

的人口移动之一。来东北的，多是华北、山东河南等地的难民。就时间分布而言，关内移民呈初少后多之势。"20世纪初年，每年不过十数万，进入20年代，达到高潮，每年进入东北的关内移民不下四五十万，1927～1929年更多达百万以上。"❶就空间分布而言，初呈南多北少之势，移民开始多居住在辽河中下游奉天一带；后逐渐变为北多南少，移民大规模进入吉林、黑龙江两省。

对于该地区古代民族构成，长期以来就模糊不清，至今仍有人认为"汉族一直生活在中原，后来才进入辽沈地区"，其实，远非如此。该地区土著中本就有华夏族人口，而且中原历朝历代均有该地区的移民。但商周至明该地区仍然是少数民族文化占主导地位。

由此可见，历史上中原汉族一直在辽沈大地上进进出出，由于他们来自中原不同时代、不同地区，聚居在辽河流域以后，在营建自己的居住环境时，辽沈各地不同的地形地貌条件成为决定村落形态的主要因素。从民居的建造方式和建筑形态上看，一方面，顽强地传承着中原的做法；另一方面，又不得不根据该地区寒冷的气候条件、建筑材料的特点进行适应性改造。这恰恰形成了该地区汉族聚落和民居的地域特点。

❶ 刘举. 三十年代关内移民与东北经济发展的关系 [J]. 黑龙江社会科学, 2005 (1).

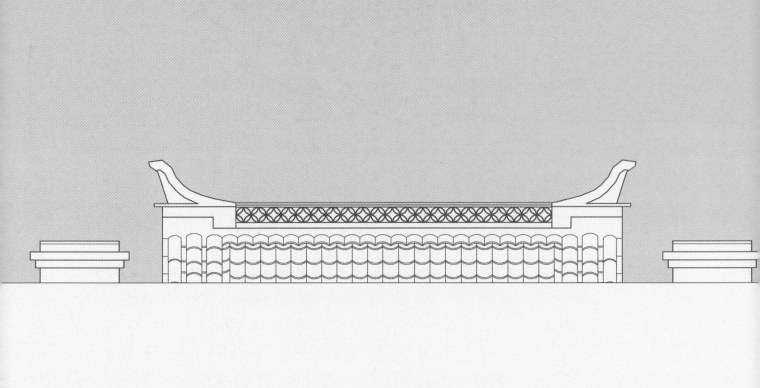

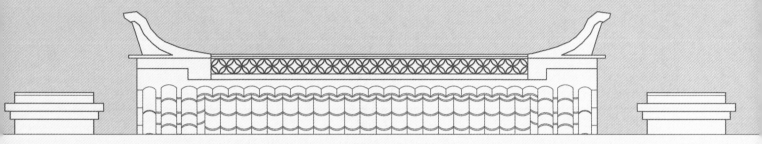

2.1 汉族传统村落及民居特征性语汇符号提取

2.1.1 村落典型特征

汉族村落分布在辽沈全境，其村落选址大体可分为平原类、依山类和傍水类。

2.1.1.1 村落选址

1. 平原类选址特征

1）地势平坦的冲积平原，围绕村庄有可耕作的粮田；

2）交通便利，临近主要交通线。

2. 依山类选址特征

1）多建于山坡下部，或建于众山夹势之间的凹地及山体与平原过渡的山脚下；

2）多在背山、温暖的小环境选址；

3）围绕村庄有可耕作的农田，交通便利且临近主要交通线。

3. 临河类选址特征

1）多建于河湾、湖边处单面临水三面环田；

2）村落临水面的边缘与河岸之间有一段过渡带；

3）河流是其主要的交通线，临河而建方便生产生活。

2.1.1.2 村落总体布局

1. 平原类村落总体布局（图2-1-1）

公共活动空间
村委会
民居
旱田
水塘
林地
▲ 村庄入口

图2-1-1　平原类村落布局示意图

1）道路多呈网格状，路网为不规则形式，但分级明确，主干路宽3~5米，次干路2~3米，支路1.5米左右；

2）院落为村庄布局的基本单位，院落一般分布在主干道两侧，多为散点布置；

3）村内公共建筑多位于村落的中央处，一般为村内最大规模建筑；

4）出入口一般有明显的标志物；

5）公共活动空间一般分布在近村庄入口处或公共建筑周边；

6）田围绕村庄而建，林与村庄呈半包围关系，水塘环村庄或在旱田中分布。

2. 依山类村落总体布局（图2-1-2、图2-1-3）

1）村落多呈带状布局；

2）道路多依山势呈带状展开，街巷划分不规则，主干路宽为3~5米，次干2~3米，支路1.5米左右；

3）院落为村子布局的基本单位，一般分布在主干道两侧，部分村子院落分布在主干道一侧，呈联排布置；

4）村内公共建筑多位于村落的中央处，一般为村内最大规模建筑；

5）出入口一般有明显的标志物，且公共活动空间多分布于公共建筑周边。

3. 临河类村落布局（图2-1-4、图2-1-5）

1）布局平行于河道布置；

2）主路一般与河的走势相同，次干路垂直河岸，主干路宽为3~5米，次干路2~3米，支路1.5米左右；

3）院落为村子布局的基本单位，分布在主干道一侧呈联排形式布置；

4）村内公共建筑多位于村落的中央距河较近处，一般为村内最大规模建筑，在临河的地势较高处一般多建塔；

图2-1-2　**依山类村落布局示意图1**

图2-1-3　**依山类村落布局示意图2**

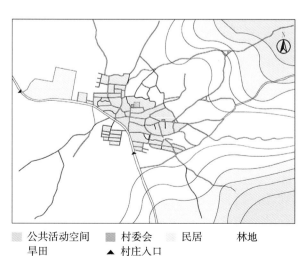

公共活动空间　　村委会　　民居　　林地
旱田　　▲ 村庄入口

公共活动空间　　村委会　　民居　　山地
林地　　旱田　　▲ 村庄入口

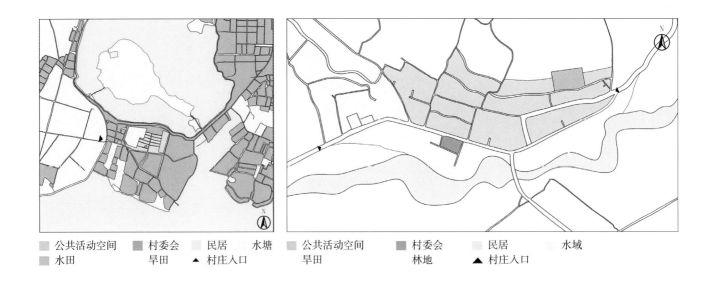

公共活动空间　　■ 村委会　　民居　　水塘　　　公共活动空间　　■ 村委会　　民居　　　水域
水田　　　　　　旱田　　▲ 村庄入口　　　　旱田　　　　　　林地　　▲ 村庄入口

5）出入口一般有明显的标志物；

6）公共活动空间多分布于村庄入口处。

图2-1-4　临河类村落布局示意图1

图2-1-5　临河类村落布局示意图2

2.1.1.3　整体建筑高度

1. 民居建筑高度3.5～5米，檐口高度2.5～2.7米；

2. 村内宗庙建筑高度最高。

2.1.2　院落典型特征

院落可分为单座独院（图2-1-6、图2-1-7）、二合院（图2-1-8、图2-1-9）、三合院（图2-1-10、图2-1-11）、四合院（图2-1-12～图2-1-14）。

2.1.2.1　院落组成

1. 院落构成要素：主要居住用房、次要居住用房、厕所、院门、院墙、苞米楼、柴垛、家禽舍、牲畜棚、碾坊、粮囤；其中单座独院无次要居住用房；

2. 主要居住用房朝南向，位于院落正中或稍偏左或偏右，其中三合院和四合院主要居住用房位于院中央偏后或第二进院中央；

3. 一般在两进厢房山墙间设置腰门和腰墙，第一进院通常作为生产劳作空间或堆放杂物或停放马车，第二进院通常作为生活户外活动空间。

2.1.2.2　院落规模

1. 院落后院面积常小于前院，后院面积在200～300平方米，单座独院前院面积400～600平方米、二合院的前院面积400～600平方米、三合院的前院面积500～700平方米、四合院的前院面积700～900平方米；

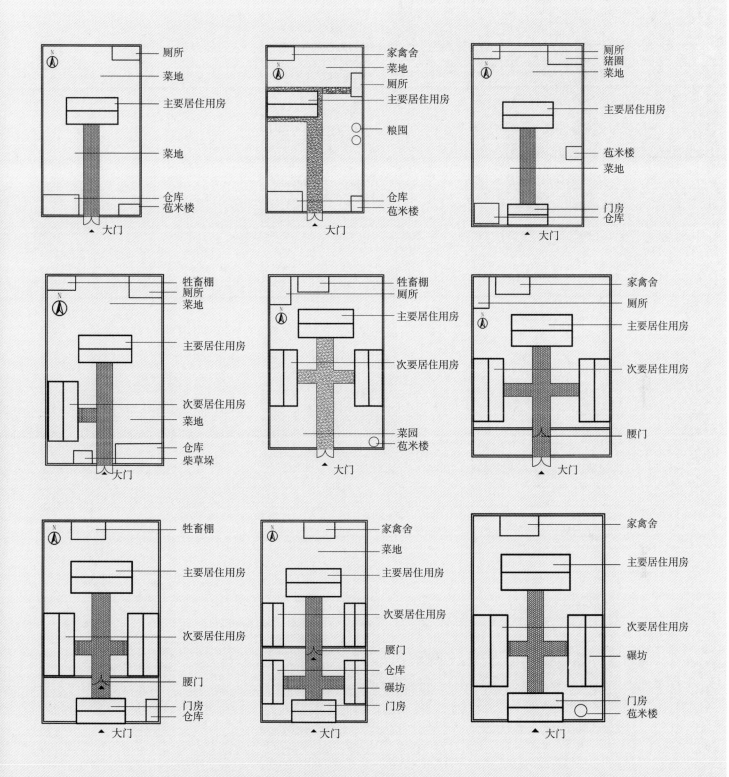

6	7	8
9	10	11
12	13	14

图2-1-6 院落布局图1

图2-1-7 院落布局图2

图2-1-8 院落布局图3

图2-1-9 院落布局图4

图2-1-10 院落布局图5

图2-1-11 院落布局图6

图2-1-12 院落布局图7

图2-1-13 院落布局图8

图2-1-14 院落布局图9

2．主要居住用房面积一般60平方米左右，为院内制高点；

3．仓库主要位于院落前院或后院角落处，面积不超过30平方米，一般高度2.5米左右，其中三合院和四合院的仓库一般位于次要居住用房内；

4．厕所常位于后院，面积4平方米左右，一般高度2.5米左右，其中四合院厕所还可位于次要居住用房内；

5．苞米楼、柴草垛、粮囤及碾坊一般位于前院院墙边，占地面积在5～6平方米，一般高2.3～2.4米；

6．家禽舍和牲畜棚一般位于后院，占地面积5～15平方米，高度不超过1.7～2.0米。

2.1.3 主要居住建筑平面典型特征

辽沈地区的汉族传统民居的平面主要分为"一明两暗"式、"口袋房"式、"一条龙"式、"趟子房"式、新平面式（图2-1-15～图2-1-28）。

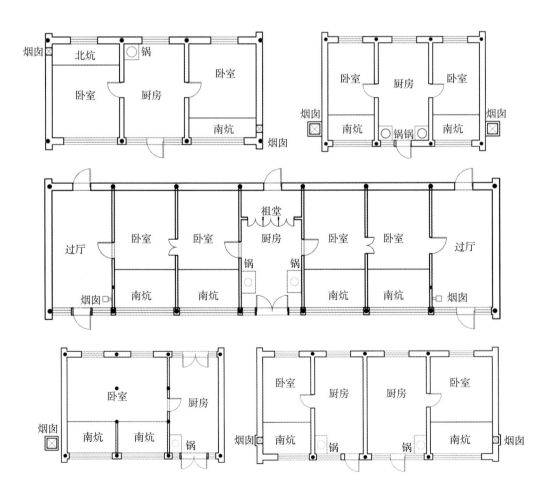

15	16
17	
18	19

图2-1-15　平面图1

图2-1-16　平面图2

图2-1-17　平面图3

图2-1-18　平面图4

图2-1-19　平面图5

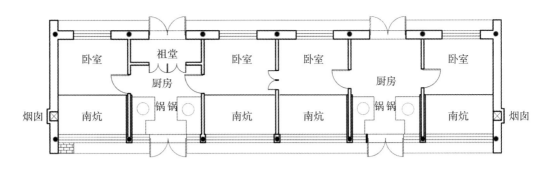

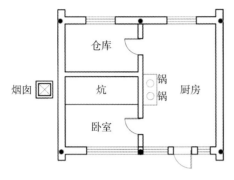

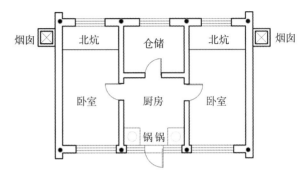

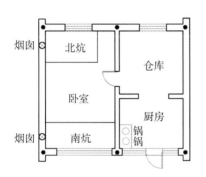

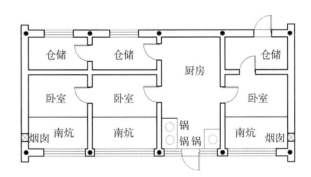

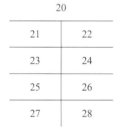

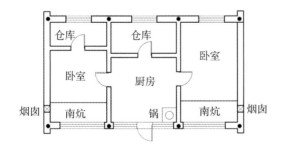

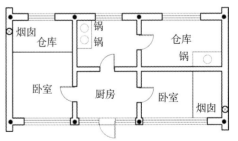

图2-1-20　**平面图6**

图2-1-21　**平面图7**

图2-1-22　**平面图8**

图2-1-23　**平面图9**

图2-1-24　**平面图10**

图2-1-25　**平面图11**

图2-1-26　**平面图12**

图2-1-27　**平面图13**

图2-1-28　**平面图14**

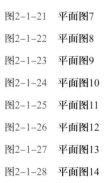

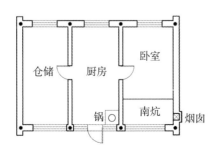

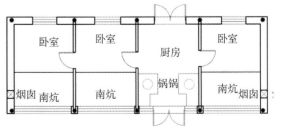

2.1.3.1　平面形式

平面为矩形，面阔3.0～3.4米，进深4.0～6.5米，卧室分列左右，其中"一明两暗"式一般为三开间，建筑面积40～60平方米；"口袋房"式一般为2～4开间，建筑面积50～80平方米、"一条龙"式一般为五开间或七开间线式组合，建筑面积共75～105平方米、"趟子房"式一般为两个两开间口袋房串联而成的四开间，或两个"一明两暗"房串联而成的六开间，每座建筑面积为68～105平方米、新平面形式为二至四开间，建筑面积32～64平方米。

2.1.3.2　平面布局

"一明两暗"式是辽沈地区汉族民居的基本形式，其平面布局是明间设灶台，两侧为设有火炕的居室。"一条龙"式是在"一明两暗"式基础上的衍化形式，堂屋居中，居室分列在左右，形成"腰屋＋里屋"或"腰屋＋中屋＋里屋"形式；不对称式的"口袋房"布局不在正中明间开门，而是偏在一边，平面呈不对称形式；串联式的"趟子房"一般平面开间数为偶数，每两开间设一个对外出口；新形式的明面布局是受近代殖民文化的影响，传统的汉族民居连平面布局上也融入了西方的平面组织方法。

1. 卧室炕多为南炕，也有少部分北炕及南北炕，其中新平面形式在卧室后面设置隔间，可作厨房或储藏室，在厨房设置倒闸；

2. 灶位于厨房紧临卧室炕或厨房靠墙处的位置，其中新平面形式的灶也有少部分位于卧室设置的隔间处；

3. 烟囱一般砌筑于山墙内侧或贴砌于山墙外，其中"口袋房"式和新平面式还可为跨海烟囱。

2.1.4　外观形态典型特征

2.1.4.1　外观形式

辽沈地区汉族传统建筑外观造型可分为两种：两坡顶和囤顶。

2.1.4.2　立面构成

1. **正立面**（图2-1-29～图2-1-48）

1）从正立面上来看可将建筑分为屋顶、屋身、台基三部分，部分房屋无台基；

2）大部分的坡屋顶民居屋顶：屋身：台基比例为8：10：1；大部分囤顶民居屋顶：屋身：台基比例为5：15：1；

3）无窗间墙的建筑窗占正面墙体面积的65%左右，有窗间墙的建筑窗占正面墙体面积的55%左右（图2-1-49）；

4）槛墙高度大部分为3/10檐柱高，一般在0.8～0.9米之间（图2-1-50）。

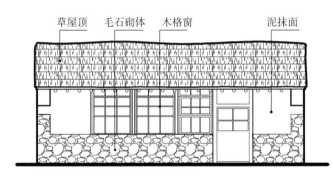

草屋顶　　毛石砌体　　木格窗　　　　泥抹面

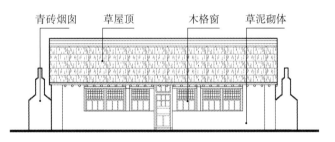

青砖烟囱　　草屋顶　　　木格窗　　草泥砌体

29	30
31	32
33	34

图2-1-29　**两坡顶典型外观图1**

图2-1-30　**两坡顶典型外观图2**

图2-1-31　**两坡顶典型外观图3**

图2-1-32　**囤顶典型外观图**

图2-1-33　**正立面图1**

图2-1-34　**正立面图2**

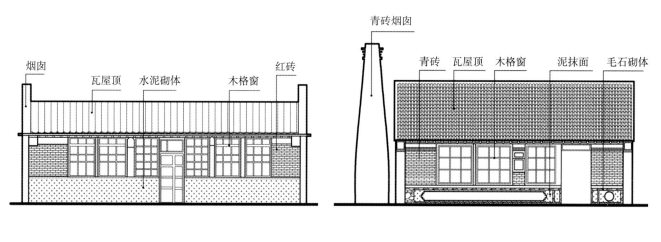

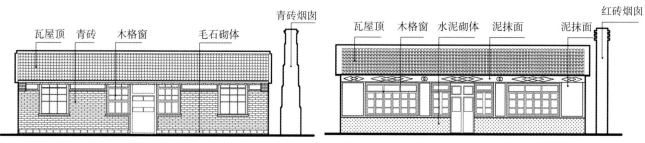

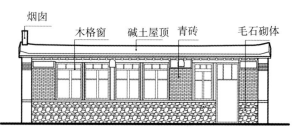

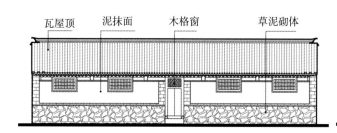

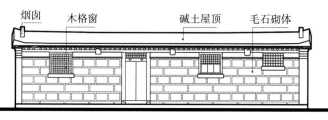

35	36	图2-1-35 正立面图3	图2-1-39 正立面图7
37	38	图2-1-36 正立面图4	图2-1-40 正立面图8
39	40	图2-1-37 正立面图5	图2-1-41 正立面图9
41	42	图2-1-38 正立面图6	图2-1-42 正立面图10

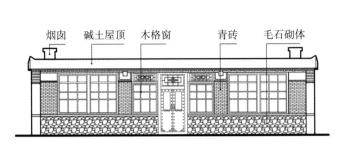

烟囱　碱土屋顶　木格窗　　青砖　　毛石砌体

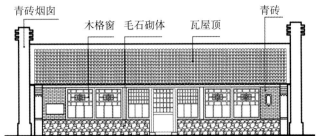

青砖烟囱　　木格窗　毛石砌体　瓦屋顶　　青砖

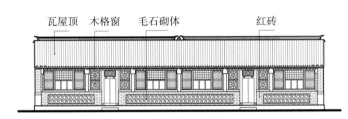

瓦屋顶　木格窗　毛石砌体　　　红砖

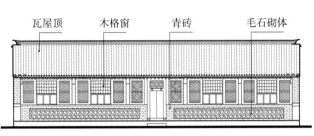

瓦屋顶　　木格窗　　青砖　　毛石砌体

瓦屋顶　木格窗　　　青砖　　烟囱

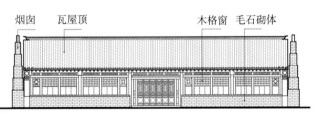

烟囱　瓦屋顶　　　　木格窗　毛石砌体

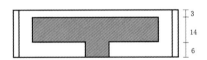

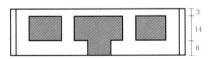

2. 背立面（图2-1-51～图2-1-58）

后檐墙开窗较少，或不开窗，大部分为实墙。

3. 侧立面

1）山墙有两种类型，一种是由砖、土、石为主
要材料砌筑的山墙（图2-1-59～图2-1-67）；一种是由砖
石混合、土石混合、砖土混合砌筑的"五花山墙"
（图2-1-68～图2-1-72）；

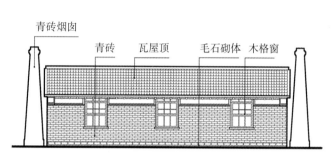

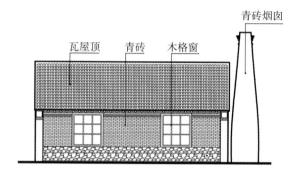

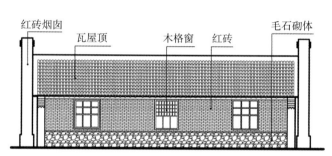

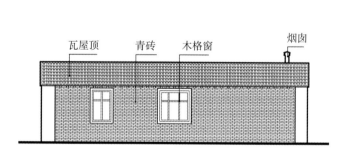

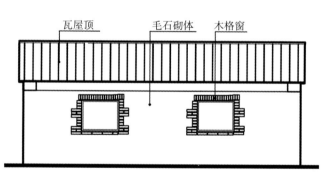

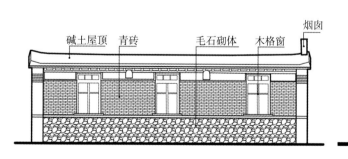

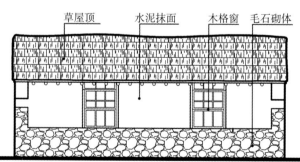

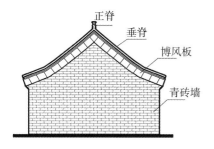

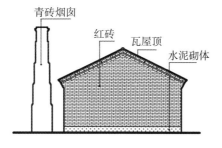

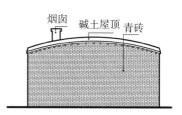

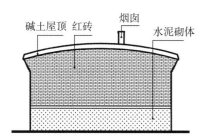

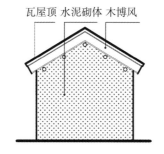

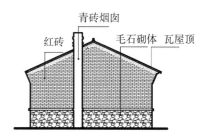

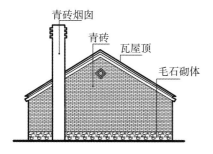

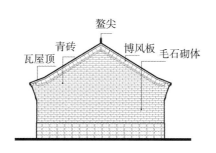

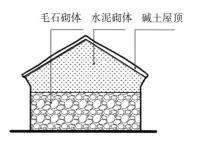

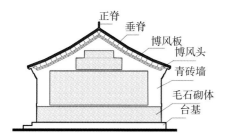

59	60	61
62	63	64
65	66	67
68	69	70
	71	72

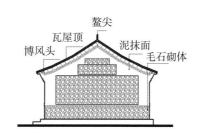

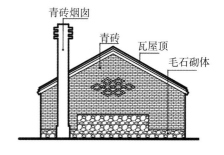

图2-1-59　**侧立面图1**　　　　　图2-1-63　**侧立面图5**　　　　　图2-1-67　**侧立面图9**　　　　　图2-1-71　**侧立面图13**

图2-1-60　**侧立面图2**　　　　　图2-1-64　**侧立面图6**　　　　　图2-1-68　**侧立面图10**　　　　图2-1-72　**侧立面图14**

图2-1-61　**侧立面图3**　　　　　图2-1-65　**侧立面图7**　　　　　图2-1-69　**侧立面图11**

图2-1-62　**侧立面图4**　　　　　图2-1-66　**侧立面图8**　　　　　图2-1-70　**侧立面图12**

2）囤顶屋面弧度小于山墙的弧度，矢高比为1：10。

4. **门窗造型**（图2-1-73、图2-1-74）

1）门由亮子、门框、门扇及五金构件及其附件构成；

2）门宽多为1.2米左右，高约1.7米左右，门的宽高比为3：5；

3）窗由亮子、窗框、窗扇组成；

4）门均为外开，有单扇也有双扇。窗有固定窗也有平开窗和支摘窗；

5）木棂格图案大部为步步锦、灯笼框、盘肠、龟背锦等纹样。

图2-1-73 **门连窗样式图**

图2-1-74 **窗样式图**

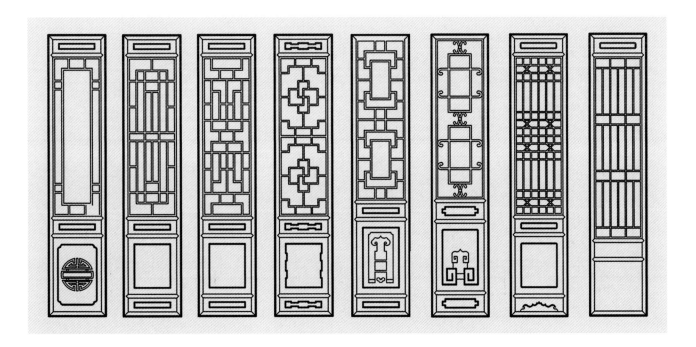

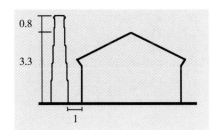

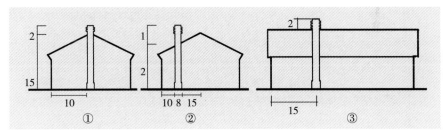

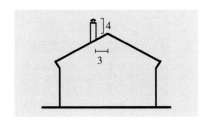

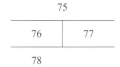

图2-1-75　**格扇样式图**

图2-1-76　**独立式烟囱与房屋关系图**

图2-1-77　**附墙式烟囱与房屋关系图**

图2-1-78　**屋顶式烟囱与房屋关系图**

5．格扇（图2-1-75）

1）常见形式有直枨型、菱花型和雕花型等；

2）格扇宽约0.5米，高约2米，宽高比约1∶4。

6．烟囱

根据烟囱的位置将其分为三种主要类型。

1）独立式烟囱

独立于建筑之外，一般在距山墙外1米左右，高出屋面0.6米左右，截面为方形的烟囱，从下往上逐渐收分，角度一般为10°，其中退台式烟囱的截面为变截面，从下往上逐节变窄（图2-1-76）。

2）附墙式烟囱

烟囱贴着正立面或背立面或侧立面外墙而砌，其截面为矩形，高出屋面0.6米左右（图2-1-77）。

3）屋顶式烟囱

截面为矩形和圆形两种，高出屋面0.8米左右（图2-1-78）。

7. 附属设施造型

1）宅门

宅门分为三种：屋宇型大门、木板大门、光棍大门。屋宇型大门有三种类型：单间式、分段式、整段式。

（1）单间式（图2-1-79）

由门头、山墙、门扇组成；门洞宽大约2米，高约2.5米，长宽比约4∶5；门头有坡顶及囤顶两种。

（2）分段式（图2-1-80、图2-1-81）

由明间为入口；屋顶分三段，中间一段可与两侧平齐也可稍微高出；门洞长约2.5米，高2.5～3米左右，门洞长宽比1∶1～5∶6；

（3）光棍大门（图2-1-82）

立木柱上加一根圆木；门洞长约1.5米左右，高2米左右，长宽比约3∶4。

（4）木板大门

由门头、门脸、门扇、立柱组成；门头形式为坡顶，材质有瓦、草。坡度40°左右；门洞长约1～1.5米，高2米左右，长宽比约1∶2～3∶4。

2）腰门

（1）院落的腰门（图2-1-84、图2-1-85）和大门造型相似，屋顶也与院落其他建的屋顶相似；

（2）腰门的类型分为二柱式、四柱式、六柱式三种（图2-1-83）；

（3）门洞高约2米，宽约1.5～2米，长宽比约1∶1～3∶4；

（4）门头分为坡顶及囤顶。

79	80
81	82

图2-1-79　单间式宅门比例图①、②

图2-1-80　坡顶三开间分段式比例图①～③

图2-1-81　分段式囤顶五开间整段式比例关系图

图2-1-82　光棍大门比例关系图①、②

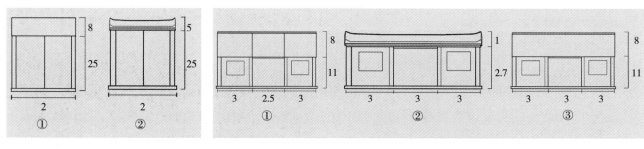

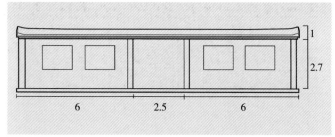

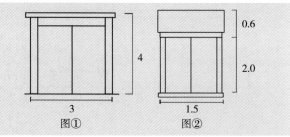

3）院墙

（1）外观形式有防御型外墙和一般民居院落围墙两种；

（2）墙体高度分别为4～5米，1.5～1.8米；

（3）砌筑材料有砖、石、泥；

（4）组砌方式分为单一材料砌筑和组合材料砌筑（图2-1-86、图2-1-87）。

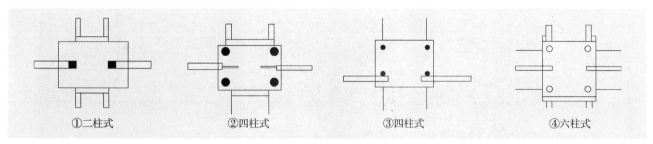

①二柱式　　②四柱式　　③四柱式　　④六柱式

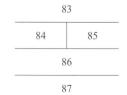

图2-1-83　腰门形式图①～④　　　图2-1-86　单一材料砌筑示意图

图2-1-84　瓦顶腰门图　　　　　　图2-1-87　组合材料砌筑示意图

图2-1-85　囤顶腰门图

2.1.5 建筑装饰典型特征

主要装饰部位为屋面（包括正脊、垂脊、边稍檐口、博风等）和墙面（墀头、窗间墙、看墙、下碱等）。

2.1.5.1 屋顶装饰

1. 正脊（图2-1-88~图2-1-91）

2. 边稍（图2-1-92）

主要形式有一拢筒瓦+三拢合瓦、一拢筒瓦+两拢合瓦、两拢合瓦和三拢合瓦。

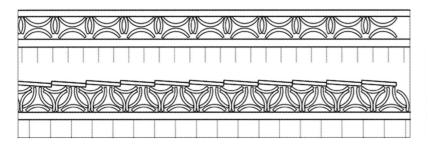

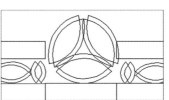

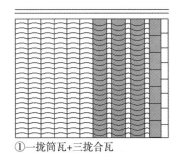

①一拢筒瓦+三拢合瓦

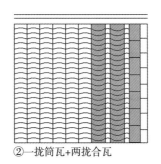

②一拢筒瓦+两拢合瓦

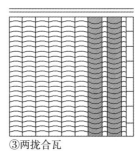

③两拢合瓦

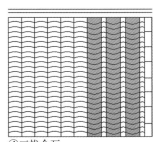

④三拢合瓦

3. 檐口（图2-1-93）

坡屋顶檐口的滴水和瓦当上是装饰重点。

2.1.5.2 墙面装饰

屋身的装饰部位可分为墙面装饰、墀头装饰、门窗装饰。

1. 装饰图案

1）窗间墙（图2-1-94、图2-1-95）

辽沈地区汉族传统民居在窗间墙位置或多或少均出现装饰，常见在前檐墙的东侧墙间壁上设置凹龛，用来供奉"天地神"。

2）墙面装饰（图2-1-96～图2-1-98）

墙面装饰题材轻快活泼，富有文化内涵，寄寓着追求吉祥、如意、福寿、嘉庆、富庶、平安。

<table>
<tr><td></td><td>93</td><td></td></tr>
<tr><td>94</td><td></td><td>95</td></tr>
</table>

图2-1-93 滴水瓦当典型样式图
①~③

图2-1-94 后期出现的窗间墙装
饰图

图2-1-95 凹龛

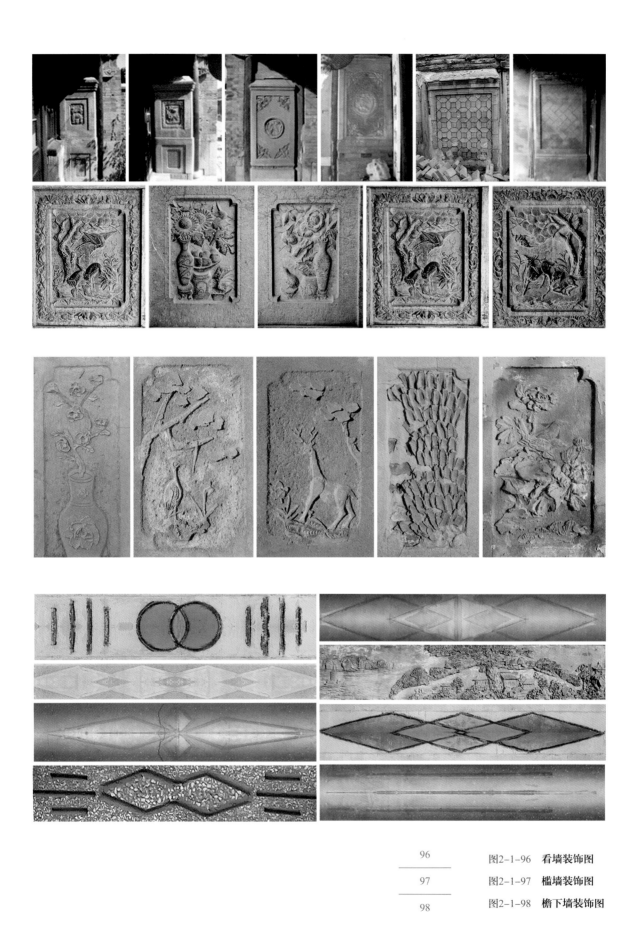

图2-1-99　墀头装饰图
图2-1-100　常见砖组砌方式图①～⑧
图2-1-101　砖叠涩方式图

3）墀头装饰（图2-1-99）

盘头上的枕头花常雕有人物故事，以及梅、菊、牡丹等花卉，或书法文字。

4）常见砖的砌筑方式有梅花式、丁侧夹砌式、侧夹砌式、平侧夹砌式、五顺一丁、三顺一丁、一顺一丁，以及全顺式几种形式，砖的尺寸为0.24米×0.115米×0.053米（图2-1-100、图2-1-101）。

①梅花式　②丁侧夹砌式　③侧夹砌式　④平侧夹砌式　⑤五顺一丁　⑥三顺一丁　⑦一顺一丁　⑧全顺式

2.1.6　建筑色彩典型特征

以土、青砖、木材、稻草、毛石为主要材料；
建筑大多呈现材料原色（图2-1-102～图2-1-109）。

102	103
104	105
106	107

图2-1-102　草顶泥墙外观图1

图2-1-103　草顶泥墙外观图2

图2-1-104　瓦顶砖石混砌墙外观图1

图2-1-105　瓦顶砖石混砌墙外观图2

图2-1-106　瓦顶青砖墙外观图

图2-1-107　土石混砌阖顶外观图

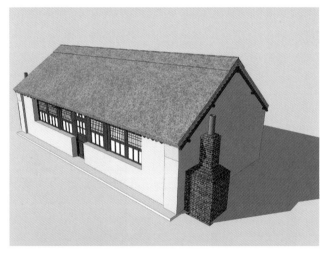

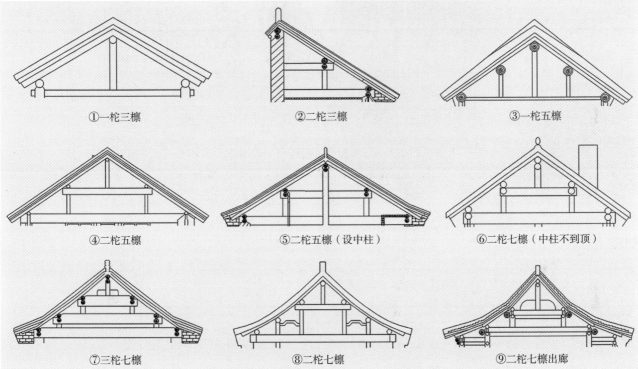

① 一柁三檩　　② 二柁三檩　　③ 一柁五檩

④ 二柁五檩　　⑤ 二柁五檩（设中柱）　　⑥ 二柁七檩（中柱不到顶）

⑦ 三柁七檩　　⑧ 二柁七檩　　⑨ 二柁七檩出廊

2.1.7　建筑构造典型特征

2.1.7.1　屋架构造逻辑

根据屋顶形式，可将辽沈地区传统汉族民居分为坡屋顶和囤顶。

1. 坡屋顶（图2-1-110、图2-1-111）

1）屋架

2）椽子（图2-1-112）

形式多采用短木料交错搭接。

108	109
110	

图2-1-108　前檐图1

图2-1-109　前檐图2

图2-1-110　坡屋顶屋架构造图①～⑨

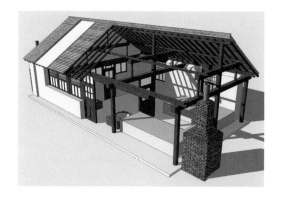
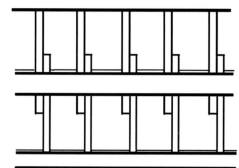

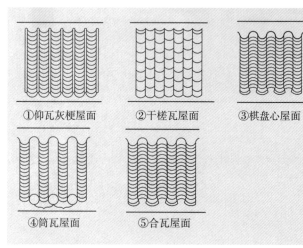

①仰瓦灰梗屋面　②干槎瓦屋面　③棋盘心屋面
④筒瓦屋面　⑤合瓦屋面

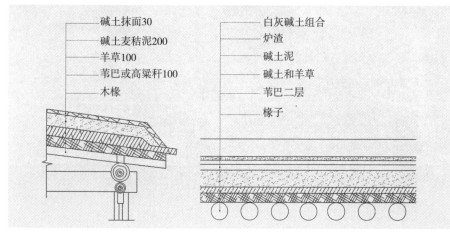

碱土抹面30
碱土麦秸泥200
羊草100
苇巴或高粱秆100
木椽

白灰碱土组合
炉渣
碱土泥
碱土和羊草
苇巴二层
椽子

111	112
113	114

115

图2-1-111　木构架剖面图

图2-1-112　坡屋面椽子搭接方式图

图2-1-113　坡屋面檐椽形式图

图2-1-114　瓦屋面铺砌方式图①～⑤

图2-1-115　囤顶屋面构造做法图

3）檐椽（图2-1-113）

有单层檐椽和双层檐椽之分。

4）瓦屋面的铺砌方式（图2-1-114）

主要形式为仰瓦灰梗屋面、干槎瓦屋面、棋盘心屋面、筒瓦屋面和合瓦屋面。

2. 囤顶屋顶

囤顶房的屋顶用碱土来建造，以碱土做防水层（基层是碱土草泥），保温层是羊草，承重层是秫秸巴或苇子巴（图2-1-115）。

1）屋架

囤顶式构架只有一根大柁，柁上立瓜柱数根，形式如图2-1-116、图1-1-117所示。

2）椽子（图2-1-118）

搭接方式分为两种，第一种是短料椽子错缝搭接，第二种是长料椽子整根铺设。

3）檐头（图2-1-119、图2-1-120）

主要形式有露椽式和封椽式檐头，其中露椽式包括木板椽头、瓦椽头、砖檐头、秫秸椽头。

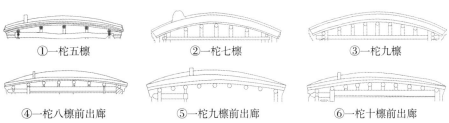

①一柁五檩　　　　②一柁七檩　　　　③一柁九檩

④一柁八檩前出廊　　⑤一柁九檩前出廊　　⑥一柁十檩前出廊

116

117

118

图2-1-116　囤顶屋面檩与瓜柱搭接图

图2-1-117　囤顶屋顶屋架构造图①～⑥

图2-1-118　囤顶屋面椽子搭接图

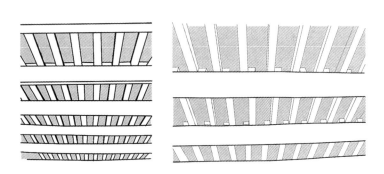

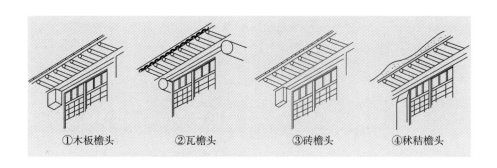

①木板檐头　　②瓦檐头　　③砖檐头　　④秫秸檐头

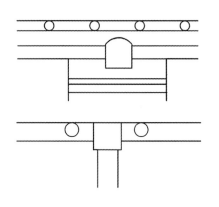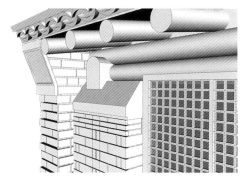

2.1.7.2 檐下构造做法

辽沈地区汉族最常见的檐下构造是金柱上搭纵向的柁，柁上架横向的杬，杬上架檩，檩上架椽子（图2-1-121）。

2.1.8 小结

汉族村落与民居分布在辽沈地区全境。这一地区的汉族村落和民居既有中原汉族，特别是山东、河南、河北一带汉族村落和民居的典型特征，又有结合辽沈地区独特自然环境和人文环境的适应性创造，有着鲜明的地域特色。其特征性语汇符号可以概括为以下几点：第一，以农耕为主的生产方式，决定了其村落选址于易于耕作、有肥沃的良田，且水源丰富、交通便利的地方。常见选址有平原、依山和傍水三种；第二，村落大多自然形成，村落形态多呈不规则

119

120

121

图2-1-119　闷顶屋面露椽式檐头图

图2-1-120　闷顶屋面封椽式檐头图

图2-1-121　檐下构造做法图

形式，村落中居民点布局以重要的公共建筑或公共空间（如寺庙、古井、古树、村委会等）为核心，以大量的民居院落（有联排布置和带状布置两种）为分布面，以村中主次干道及支路为交通线。街道的宽度与临街建筑的比例与中原不同，两侧建筑低矮，道路宽度与临街建筑高度比值一般都大于2，更多的情况是临街的不是建筑而是围墙、栅栏、院门，甚至是院落。街道完全没有中原封闭的围合感，反而十分开敞；第三，民居院落是构成村落的主要单元，院落从构成要素上看与我国中原地区的院落构成无异，但不同的是为广纳阳光，院落布局松散且空间较大，院墙较为低矮；第四，主要居住建筑的平面以"一明两暗"为基本型，有"口袋房"式、"一条龙"式以及"趄子房"式多种变异型，但为适应冬季寒冷的气候条件，主入口均设置厨房，经常烧火的厨房成为寒冷空气缓冲间；第五、单面炕、对面炕及万字炕等形态各异的火炕作为该地区汉族民居采暖的主要方式，火炕也成为室内空间的典型特征；第六，建筑的外观形态以两坡顶和囤顶居多，由于不同地区建筑材料的差异，其外观色彩、质感、肌理不同，但无论采用什么材料，为了最大限度获得阳光，建筑的南向均大面积开窗，窗间墙很窄，有的甚至整个南向全部都开门窗，十分开敞。为了抵御冬季北风，而北向十分封闭，几乎不开门窗，为了有效保温，屋面均十分厚重。另外，作为采暖设施组成部分的烟囱，是建筑立面标志性的构成要素；第七，对于建筑室内外装饰，传承了中原汉族的装饰部位，并且有过之而无不及，能装饰的地方均尽可能装饰。但相比较中原或者江南地区，其装饰既不奢华，也不甚精美，表现出其朴实、粗犷的地域特点；第八，建筑整体呈现出材料（如青砖、灰瓦、木材、草、石等）的原色，仅重要建筑的重要部位（如门窗、檐下）施色，多以朱红为主；第九，以抬梁式为主要形式的构架体系完全传承了中原的做法，但用材较小，多数建筑材料仅做粗加工处理。作为围护结构墙体，为了保温较为厚重，一般为450～600毫米。

2.2 体现汉族特色的村落风貌建设引导

2.2.1 整体风貌建设目标

辽沈地区乡村中以汉族为主体民族的村庄，其建筑和景观风貌应具有汉族文化的鲜明特点。

2.2.2　村落景观风貌

2.2.2.1　保护和传承辽沈地区汉族传统村落特有的自然环境

1. 最大限度地保护既有村落所依托的山水环境；

2. 对于既有村落已遭到人为破坏的山体、河道、植被等尽可能进行修补；

3. 新迁建村落的选址既要满足国家现行法律法规及上位总体规划要求，又要符合传统村落的选址特点。

2.2.2.2　保护和传承辽沈地区汉族村落的格局和肌理

1. 对于既有村落的改造提升，要最大限度地保护和延续辽沈地区汉族村落的布局特点和图底关系，以重要的公共建筑和公共空间为核心，以大量的民宅院落为分布面，以村内道路为交通线；

2. 保护与延续路网特点，即地处平原井字形及背山面水叶脉状；

3. 院落与院落之间的排列方式宜保留或延续传统的行列式或组团式；

4. 对于新迁建村落，在满足国家现行法律法规及当代人使用的前提下，应体现辽沈地区传统汉族村落的格局及肌理特点。

2.2.2.3　突显具有辽沈地区汉族文化特色的村落景观

1. 在村域范围内搭建具有汉族特色的景观构架，应将村落中全部的文化景观（包括山水环境、山水中的各类文化景观标志物、稻田及居民点中的景观点）全部纳入整体的景观结构中；

2. 重点建设具有辽沈地区汉族特色的景观节点：

1）在村落的出入口应设置既能体现汉族民居特点又具有村落自身产业等其特点的标志物；

2）村落中应设置2～3处活动广场，广场的位置宜选在村民方便到达、人员活动较集中的区域，如村委会、基督教堂等周边；广场中的设施除满足当代村居普遍的活动内容外，还应满足汉族特有的民俗活动，如秧歌、赶集等，应设置具有汉族传统民族特色的设施；广场中各景观要素——景墙、景亭、廊、铺地及植物模纹等都应体现辽沈地区汉族文化特点。

3. 村落中公共设施，包括路灯、座椅、垃圾箱、公共厕所、公交站牌、导视牌、道路铺装等在造型装饰上均应体现辽沈地区汉族文化特点。

4. 村落的绿化应满足宜居乡村建设标准且采用汉族喜爱的花卉及树种（图2-2-1）。

毛樱桃
4月粉花　5～6月红果

桃叶卫矛
5～6月淡黄花　10月红果

暴马丁花
6～7月白花

东北珍珠海
6～7月白花

小叶黄杨
四季黄绿色

珍珠绣线菊
4～5月白色花

东北接骨木
4～5月白花　9～10月红果

牡丹
5月粉红色花

黑心菊
6～10月橘黄色花

金山绣线菊
8～9月浅粉色花

马蔺
5～6月紫色花

石竹
5～6月各色花

铺地柏
四季常青

灯台树
5～6月白花

色木槭
秋红色叶、金黄色叶

白桦
白皮、秋金黄色叶

黄刺玫
5～6月黄色花

圆锥绣球
7～9月白花、粉红花

榆叶梅
4～5月粉红色花

珍珠梅
7～8月白花

金丝垂柳
四季金黄色枝条

垂柳
绿色下垂枝条

油松
四季常青

红皮云杉
四季常青

图2-2-1　推荐花卉和树种

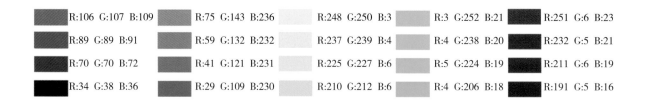

R:106 G:107 B:109	R:75 G:143 B:236	R:248 G:250 B:3	R:3 G:252 B:21	R:251 G:6 B:23
R:89 G:89 B:91	R:59 G:132 B:232	R:237 G:239 B:4	R:4 G:238 B:20	R:232 G:5 B:21
R:70 G:70 B:72	R:41 G:121 B:231	R:225 G:227 B:6	R:5 G:224 B:19	R:211 G:6 B:19
R:34 G:38 B:36	R:29 G:109 B:230	R:210 G:212 B:6	R:4 G:206 B:18	R:191 G:5 B:16

图2-2-2　景观要素推荐色谱

2.2.2.4　村落色彩

汉族视红、黄、青、黑、白五种颜色为"正色"，辽沈地区汉族喜欢将纯度较高颜色组合一起使用，通常形成强烈的色彩对比效果（图2-2-2）。

2.2.3　院落风貌

1. 对形成于新中国成立前，且具有辽沈地区汉族传统院落特点及传统生产生活方式特点的院落，应进行重点保护，尽可能完整保留院落的各个要素、平面布局和空间尺度，对于后期拆除或改建部分，应根据原状进行复原。

2. 对于新中国成立后，特别是改革开放后形成的院落，在满足村民当代需求的基础上，应根据传统院落的构成要素及各要素之间的比例关系进行适当改造。对于院落中除了主体建筑以外的院门、围墙、院与院之间的隔墙、院内铺地、存放粮食及杂物的仓库及堆放柴草等燃料的地方均应结合使用要求，对外观形式进行改造提升，并使其体现辽沈地区汉族的民族特点（图2-2-3～图2-2-5）。

3. 对于新建的院落，在满足国家现行法律法规及村民使用要求的前提下，院落的布局形态尽可能体现传统院落的构图及比例尺度等特点。

2.2.4　建筑风貌

1. 对于建成在中华人民共和国成立前，且具有辽沈地区汉族传统民居典型特点的房屋（目前这类建筑在辽沈各地的汉族村中，存量极多，但完整度不高），必须进行保留并进行重点保护。对于破损部分，应根据原貌进行妥善维修。

2. 对于建成在中华人民共和国成立后，特别近二、三十年建成的房屋，结合村民的使用要求，进行不同程度的提升和改造，以体现辽沈地区汉族民居特点。

1）对于整体质量很好、建成时间很短，且缺少汉族建筑风貌特色的房屋，应在充分尊重现状的基础上，适当增加汉族传统建筑符号，包括檐下、门

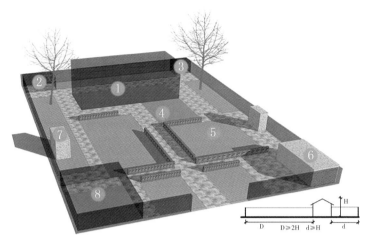

图例　❶ 主要居住用房　❺ 菜地
　　　❷ 仓库　　　　❻ 苞米楼
　　　❸ 家禽舍　　　❼ 柴草垛
　　　❹ 活动场地　　❽ 车库

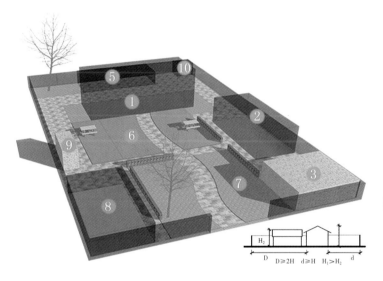

图例　❶ 主要居住用房　❻ 活动场地
　　　❷ 次要居住用房　❼ 菜地
　　　❸ 苞米楼　　　　❽ 车库
　　　❹ 家禽舍　　　　❾ 柴草垛
　　　❺ 牲畜棚　　　　❿ 厕所

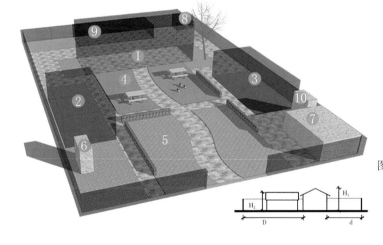

图例　❶ 主要居住用房　❻ 柴草垛
　　　❷ 次要居住用房　❼ 苞米楼
　　　❸ 仓库　　　　　❽ 牲畜棚
　　　❹ 活动场地　　　❾ 家禽舍
　　　❺ 菜地　　　　　❿ 柴草垛

$\dfrac{3}{\begin{array}{c}4\\ \hline 5\end{array}}$

图2-2-3　院落比例关系图1

图2-2-4　院落比例关系图2

图2-2-5　院落比例关系图3

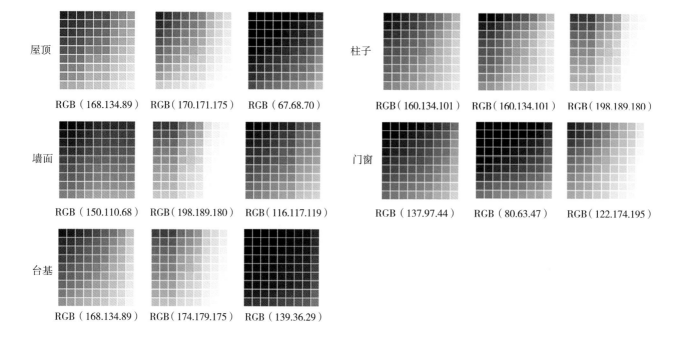

屋顶　RGB（168.134.89）　RGB（170.171.175）　RGB（67.68.70）

柱子　RGB（160.134.101）　RGB（160.134.101）　RGB（198.189.180）

墙面　RGB（150.110.68）　RGB（198.189.180）　RGB（116.117.119）

门窗　RGB（137.97.44）　RGB（80.63.47）　RGB（122.174.195）

台基　RGB（168.134.89）　RGB（174.179.175）　RGB（139.36.29）

镂空花式墙面仿木结构框架、山墙绘画以及整体色调和局部色彩的处理，来突显出辽沈地区汉族的民族特点；

2）对于整体结构较好，但屋面、墙体及门窗有局部破损，缺少墙体和屋面保温，整体风貌缺少汉族民族特点的房屋，应在修缮和保温改造中体现辽沈地区汉族的民族特点。

3．对于村民拟新建的房屋，首先应满足国家现行的法律法规及当代的使用要求，其次房屋的外观形态和细部装饰应体现辽沈地区汉族的民族特点。

4．村中的公共建筑和居住建筑的色彩，应采用以下推荐色谱（图2-2-6）。

图2-2-6　改造或新建建筑推荐色谱

2.3 设计示例——沈阳市沈北新区尹家村村庄风貌提升设计

2.3.1　现状风貌及问题（图2-3-1）

尹家村位于辽宁省沈阳市沈北新区尹家乡，属于汉族村，是远近闻名的蔬菜生产专业村。

1	2
3	

图2-3-1　尹家村区位及现状图

图2-3-2　尹家村现状风貌图1

图2-3-3　尹家村现状风貌图2

尹家村的房屋在外观上，院门尺寸、风格各异，围墙形式单一，院内的卫生间和柴草垛外观较差，大部分的院落缺乏绿化景观且未能充分体现出汉族文化特点。在功能上，院落布局简单、功能单一，且部分院落缺乏晒菜场地和柴草棚。在质量上，院墙和院门多出现破损，道路场地铺装破损冻裂或未硬化，院内的仓房、柴草棚等建筑或构筑物质量较差（图2-3-2、图2-3-3）。

2.3.2　院落提升改造设计

2.3.2.1　示例一

1. 院落现状

院落西侧邻近主要道路，其风貌较差，需要重点改造。院落的功能结构较为简单，道路铺装材料为黏土砖，建筑散水处及院墙都有裂缝现象。院内没有仓库，导致院内空间杂乱，整体并没有体现汉族风貌（图2-3-4）。

2. 院落改造提升方案

改造中保留原有菜园的位置和卫生间，将道路重新铺装。对厢房、卫生间

4

5

6

图2-3-4　示例一院落现状图

图2-3-5　示例一院落改造后局部效果图

图2-3-6　示例一院落改造后效果图

立面重新设计，融入汉族元素，墙面用汉族特色符号进行装饰，院墙在栏杆上也使用了汉族装饰符号，使院落整体呈现汉族风貌（图2-3-5、2-3-6）。

2.3.2.2　示例二

1. 院落现状

院落的西侧邻近主要道路，院落的功能布置较为杂乱，厕所临近主要道路，影响村庄整体风貌，牲畜棚、厕所、苞米楼、仓库、院门等附属设施造型单一且现状质量较差，院落整体并没有体现汉族风貌（图2-3-7）。

图2-3-7　示例二院落现状图

图2-3-8　示例二院落改造后局部效果图

图2-3-9　示例二院落改造后效果图

2. 院落改造提升方案

改造中保留原有厕所和仓库的位置，将道路重新铺装。对厢房、厕所立面重新设计，融入汉族元素，屋面用汉族特色符号进行装饰，院门及院墙也使用了汉族典型的装饰符号，使院落整体呈现汉族风貌（图2-3-8、图2-3-9）。

2.3.2.3　示例三

1. 院落现状

院落的功能布置较为杂乱，厕所临近主要道路，影响村庄整体风貌，牲畜

$$\frac{10}{\underline{}}$$

$$\frac{11}{\underline{}}$$

12

图2-3-10 示例三院落现状图

图2-3-11 示例三院落改造后局部效果图

图2-3-12 示例三院落改造后效果图

棚、厕所、苞米楼、仓库、院门等附属设施造型单一且现状质量较差，院落整体并没有体现汉族风貌（图2-3-10）。

2. 院落改造提升方案

改造中保留原有功能设施，将破损的道路进行重新铺装。对厢房、柴草垛、仓库的屋顶及立面重新设计，融入汉族元素，增加了分隔墙来划分空间，将菜地也进行了重新划分，院墙及大门用汉族典型特色符号及造型进行装饰，使院落整体体现汉族传统风貌（图2-3-11、图2-3-12）。

第2章
辽沈地区汉族特色村落风貌建设引导

13
——
14

图2-3-13　示例四院落现状图

图2-3-14　示例四院落改造后效果图

2.3.2.4　示例四

1. 院落现状

院落的功能布置较为杂乱，分区不明确，牲畜棚、厕所、苞米楼、仓库、院门等附属设施造型单一且现状质量较差，分隔墙现状质量较差，铺地及建筑散水部分大多破损开裂，院落整体并没有体现汉族风貌（图2-3-13）。

2. 院落改造提升方案（图2-3-14）

2.3.3　建筑单体提升改造设计

2.3.3.1　示例一

1. 建筑现状

整体建筑质量较差，屋面有局部开裂现象且造型单一，屋顶形式为坡屋顶，保存质量差，需要重新铺瓦修整。铝合金窗户质量较好，建筑上缺少汉族传统建筑典型符号。

2. 建筑改造提升方案

本方案在充分尊重现状的基础上，适当增加汉族传统建筑符号，包括檐下、门窗纹样，墙面运用当地青砖铺砌，增加了烟囱造型，使建筑整体体现汉族传统风貌（图2-3-15）。

2.3.3.2 示例二

1. 建筑现状

整体建筑质量较差，屋面有局部破损开裂现象。屋顶形式为囤顶，保存质量较差，木质门窗破损严重，建筑上缺少汉族传统建筑典型符号，并不能体现汉族传统民居风貌。

2. 建筑改造提升方案

本方案对残破的屋面、屋顶、门窗及烟囱进行了重新改造，运用了当地的传统建筑材料，使建筑整体体现汉族传统风貌（图2-3-16）。

2.3.3.3 示例三

1. 建筑现状

整体建筑现状保存质量较好，屋面有局部开裂现象，屋顶形式为平屋顶，木质窗户质量较好，但缺少典型的传统汉族建筑符号，应在不破坏现状的基础上，增加传统符号以及点造型的运用，使其整体具有传统汉族民居的鲜明特色。

本方案对缺少特色的屋面、门窗及烟囱进行了轻度改造，并运用了当地的传统建筑材料，使建筑整体体现汉族传统风貌（图2-3-17）。

图2-3-15　示例一建筑立面改造过程图

图2-3-16　示例二建筑立面改造过程图

图2-3-17　示例三建筑立面改造过程图

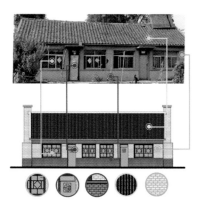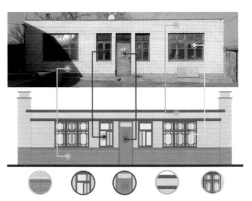

2.3.4 附属设施提升改造设计

2.3.4.1 附属设施现状

1. 院门现状

大部分铁艺院门老化严重，部分出现腐蚀，院门镂空样式混杂，形式粗糙，门扇与门柱及周围的院墙结合生硬，不仅现代感不足且又无传统风貌（图2-3-18）。

2. 院门改造与提升设计

保持了原院门的比例关系和结构，采用传统的汉族民居门头形式，通过材质的重新拼接组合以及色彩的运用，从整体上体现传统汉族民居特色风貌（图2-3-19、图2-3-20）。

图2-3-18　院门现状图
图2-3-19　院门改造后立面图1
图2-3-20　院门改造后立面图2

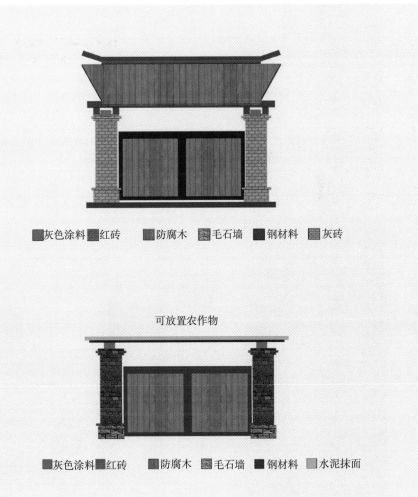

■灰色涂料 ■红砖 　■防腐木 　■毛石墙 　■钢材料 　■灰砖

可放置农作物

■灰色涂料 ■红砖 　■防腐木 　■毛石墙 　■钢材料 　■水泥抹面

2.3.4.2 院墙

1. 院墙现状

院墙形式单一，与主要道路两侧院墙及院内主体建筑风貌不协调，材质破损严重，未能充分体现出汉族的传统特色（图2-3-21）。

2. 院墙改造与提升设计

根据院墙的现状保持了原院墙的比例关系和结构，通过汉族传统文化符号的运用及材质的重新拼接组合以及色彩的运用，从整体上体现传统汉族民居特色风貌（图2-3-22）。

2.3.4.3 分隔墙

1. 分隔墙现状

栅栏式分隔墙做法简单且形式单一，使用材料较粗糙，围合感不够，缺少汉族文化特色（图2-3-23）。

2. 分隔墙改造与提升设计

根据院墙的现状，保持了原分隔墙的比例关系和结构，通过汉族传统文化符号、当地独特的砖砌法的运用、材质的重新拼接组合以及色彩的运用等，从整体上体现传统汉族民居特色风貌（图2-3-24、图2-3-25）。

2.3.4.4 家禽舍、柴草垛

1. 家禽舍、柴草垛现状

砖结构形式单一，搭建无秩序，铁栅栏式家禽舍大多已变形，整体风貌较差（图2-3-26）。

图2-3-21　院墙现状图

图2-3-22　院墙改造后立面图

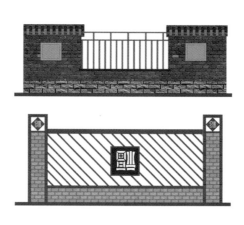

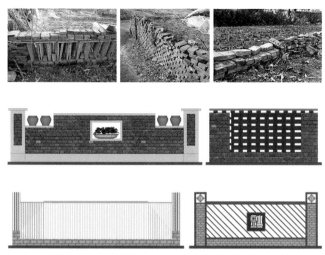

2. 家禽舍、柴草垛改造与提升设计

家禽舍及柴草垛的改造与提升设计是从材质及结构入手的，该设计丰富了原始现状的材质，并借鉴了当地独特的红砖拼接方式，对于家禽畜养空间做出了明确的分隔，造型上也使其具有汉族民居典型特征（图2-3-27~图2-3-31）。

图2-3-23　**分隔墙现状图**

图2-3-24　**分隔墙改造后立面图1**

图2-3-25　**分隔墙改造后立面图2**

图2-3-26　**家禽舍、柴草垛现状图**

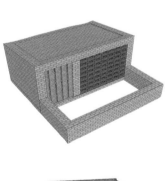

图2-3-27　**当地红砖做法**

图2-3-28　**家禽舍改造后效果图1**

图2-3-29　**家禽舍改造后效果图2**

图2-3-30　**柴草垛改造后效果图1**

图2-3-31　**柴草垛改造后效果图2**

2.3.4.5 卫生间、冲凉房

1. 卫生间、冲凉房现状

卫生间在院落前方，影响路边空气及村容，冲凉房简陋且质量差，整体风貌较差（图2-3-32）。

2. 卫生间、冲凉房改造与提升设计（图2-3-33～图2-3-35）。

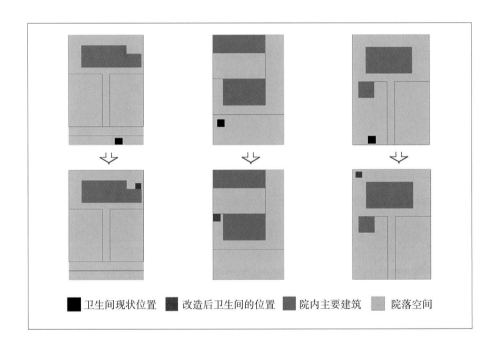

■ 卫生间现状位置　■ 改造后卫生间的位置　■ 院内主要建筑　■ 院落空间

32	33	34
35		

图2-3-32　厕所、冲凉房现状图

图2-3-33　改造后卫生间、冲凉房正立面图

图2-3-34　改造后卫生间、冲凉房侧立面图

图2-3-35　卫生间与院落关系图

2.3.4.6 铺地

1. 铺地现状

现状院落中铺装为水泥铺装和红色黏土砖铺装，地面的铺装破损较为严重，形式单一，未能充分体现汉族传统文化（图2-3-36）。

2. 铺地改造与提升设计

铺装的改造与设计从材质上对原铺装进行了更新，对其纹样加入了抽象的典型汉族文化符号，充分体现汉族的特色风貌（图2-3-37）。

图2-3-36 铺地现状图

图2-3-37 铺地改造后平面图

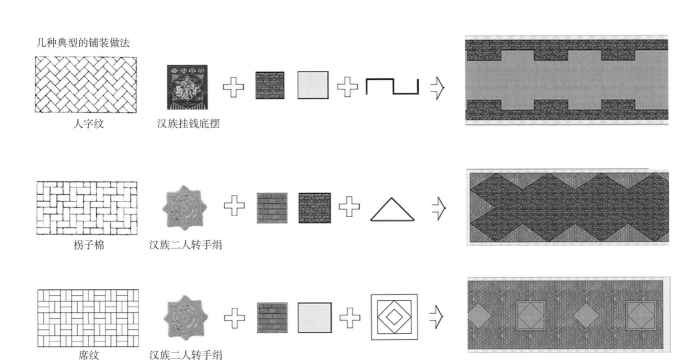

几种典型的铺装做法

人字纹   汉族挂钱底摆

枥子棉   汉族二人转手绢

席纹   汉族二人转手绢

2.3.4.7 门窗

1. 门窗现状

掉漆严重，影响建筑立面形象，气密性不好且保温性较差，材质不一致，民族特色符号不明显，铝合金材质变形较严重（图2-3-38）。

2. 门窗改造与提升设计

保留了原门窗的比例与结构，抽象了汉族传统物件造型，结合了汉族常用喜爱用色，最终构成具有汉族特色的门窗样式（图2-3-39）。

2.3.5 村庄景观环境提升设计

2.3.5.1 景观分析

景观现状

村口无标志物，无大型活动场所供村民休憩活动，水塘污染严重，村内无照明设施，闲置与废弃地没有得到合理运用，故对其景观的现状进行了重新梳理与设计（图2-3-40、图2-3-41）。

图2-3-38　门窗现状图

图2-3-39　门窗改造后样式图

图2-3-40　景观现状图

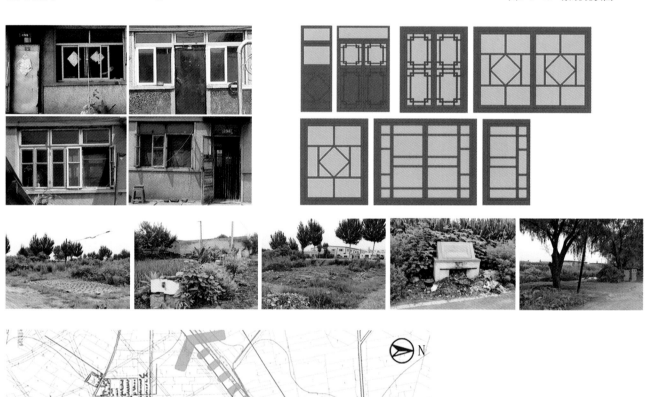

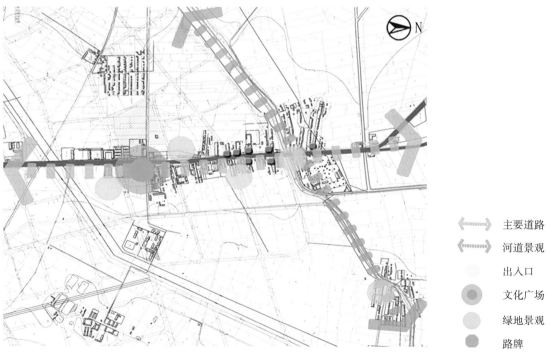

主要道路

河道景观

出入口

文化广场

绿地景观

路牌

图2-3-41　改造后景观框架图

2.3.5.2 景观提升设计

1. 入口标识

将汉族灯笼造型与汉族建筑山墙的外轮廓相结合，运用传统汉族喜爱用色，设计成符合尹家村的村口标识（图2-3-42）。

2. 广场

保留现状广场的尺度及高大乔灌木，将汉族传统物件造型作为设计的原型进行设计，还可将其与汉族传统节日以及习俗相结合，构成具有汉族特色风貌的广场（图2-3-43～图2-3-49）。

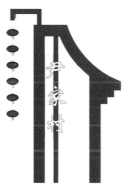

图2-3-42　改造后入口标识图

图2-3-43　改造后广场效果图1

42

43

图2-3-44　改造后广场效果图2

图2-3-45　改造后广场效果图3

44

45

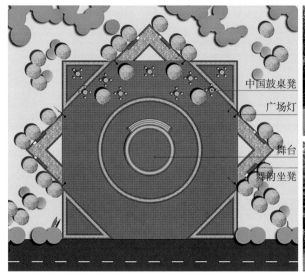

中国鼓桌凳

广场灯

舞台

舞韵坐凳

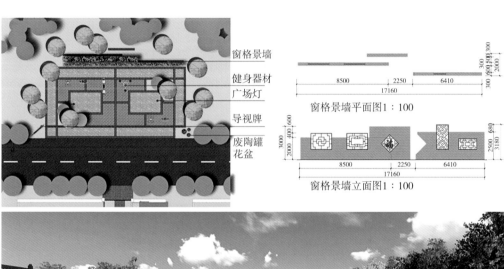

窗格景墙

健身器材

广场灯

导视牌

废陶罐
花盆

窗格景墙平面图1：100

窗格景墙立面图1：100

46　　　图2-3-46　改造后广场效果图4

47　　　图2-3-47　改造后广场效果图5

图2-3-48 改造后广场效果图6

图2-3-49 改造后廊架平面图、立面图及效果图

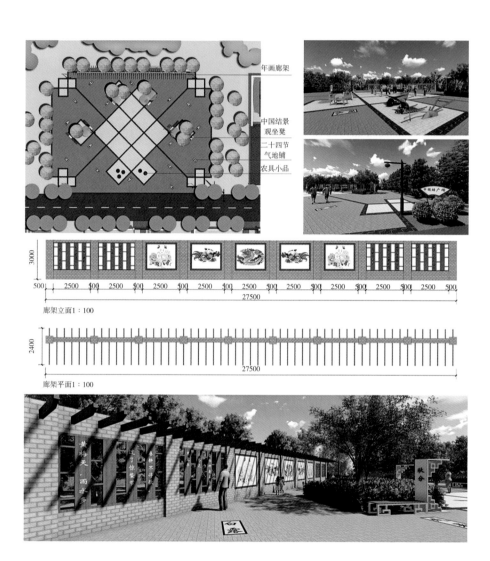

3. 设施与小品

对于包括路灯、标识牌、垃圾箱、厕所等的设施小品，保留现状设施及小品的尺度及结构，运用传统汉族特征语汇符号及传统用色对其进行外轮廓造型的改造设计，使其具有传统汉族风貌（图2-3-50~图2-3-55）。

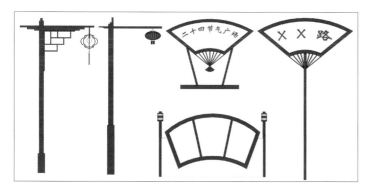

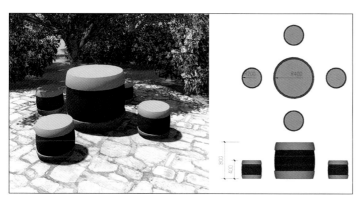

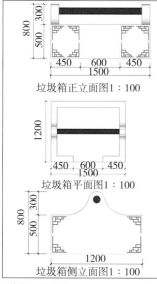

垃圾箱正面图1:100

垃圾箱平面图1:100

垃圾箱侧立面图1:100

（单位：毫米）

图2-3-50　改造后路灯、标识牌效果图

图2-3-51　改造后坐凳效果图1

图2-3-52　改造后坐凳效果图2

图2-3-53　改造后坐凳效果图3

图2-3-54　改造后垃圾箱平面图、立面图及效果图1

图2-3-55　改造后垃圾箱平面图、立面图及效果图2

50	51
52	53
54	55

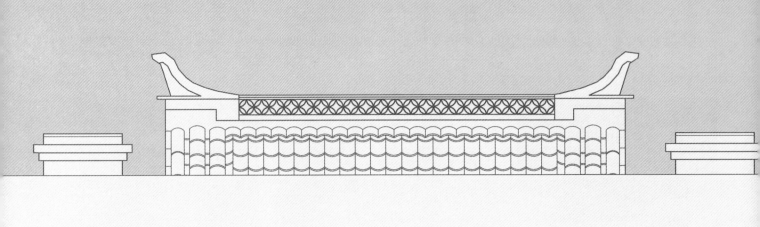

第 3 章
辽沈地区满族特色村落风貌建设引导

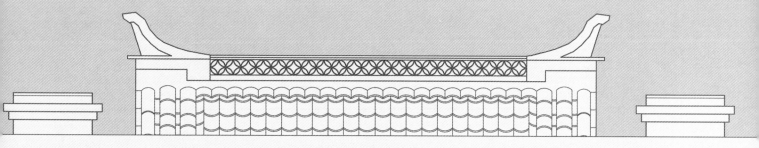

03

3.1 传统满族村落及民居特征性语汇符号提取

3.1.1 村落典型特征

3.1.1.1 选址（图3-1-1）

经历了"山地→丘陵→平原"的演变过程；位于山区上多背山面水，或位于半山腰；位于平原上多在自然资源丰富生产生活便利之处。

3.1.1.2 总体布局（图3-1-2～图3-1-5）

1. 辽沈地区满族传统村落类型主要有联排式布局和组团式布局两种；

2. 主干路多从村落中心穿过，向居住区延伸出网格或树状的支路网；

3. 主干路宽度约6～8米，次干路宽度约4～6米，支路宽度约2～3米；

4. 民居院落布局紧凑，呈南北向联排式布局；

5. 公路两侧建筑形成较为整齐的街巷式；

图3-1-1　村落选址图

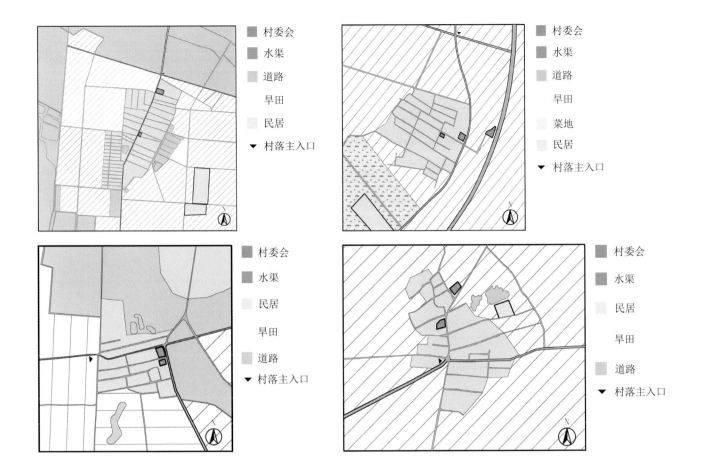

村委会	村委会
水渠	水渠
道路	道路
旱田	旱田
民居	菜地
村落主入口	民居
	村落主入口

村委会	村委会
水渠	水渠
民居	民居
旱田	旱田
道路	道路
村落主入口	村落主入口

图3-1-2 **村落布局示意图1**

图3-1-3 **村落布局示意图2**

图3-1-4 **村落布局示意图3**

图3-1-5 **村落布局示意图4**

6. 公共服务用地一般包括村委会、公共活动场地等，主要位于村落一侧或中心。占村落总面积的7%～8%。

3.1.2 院落典型特征

辽沈地区满族传统院落分为单座独院（图3-1-6～图3-1-8）、三合院（图3-1-9、图3-1-10）、二合院（图3-1-11、图3-1-12）、四合院（图3-1-13～图3-1-16），其中单座独院和二合院是辽沈地区最常见、最大量的院落形式。

3.1.2.1 院落组成

1. 构成要素包括主要居住用房（正房）、两间次要居住用房（厢房）、苞米楼、门房、索罗杆、仓房、旱厕、畜生圈、院墙、月台等。

2. 前院主要有正房、厢房、门房、苞米楼、索罗杆、仓房、畜生圈，其余位置以一定规律的网格划分不同种类的菜地。后院一般置旱厕，其余为菜地。

3. 苞米楼和畜生圈一般分布在前院东西厢房南侧靠近院门的两侧，苞米

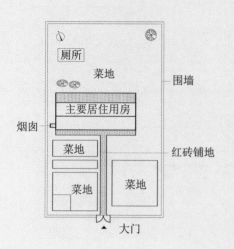

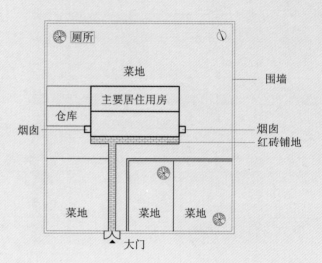

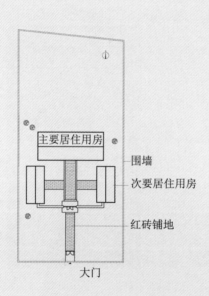

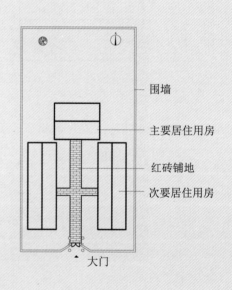

6	7	
8	9	10

图3-1-6　　**院落布局图1**

图3-1-7　　**院落布局图2**

图3-1-8　　**院落布局图3**

图3-1-9　　**院落布局图4**

图3-1-10　**院落布局图5**

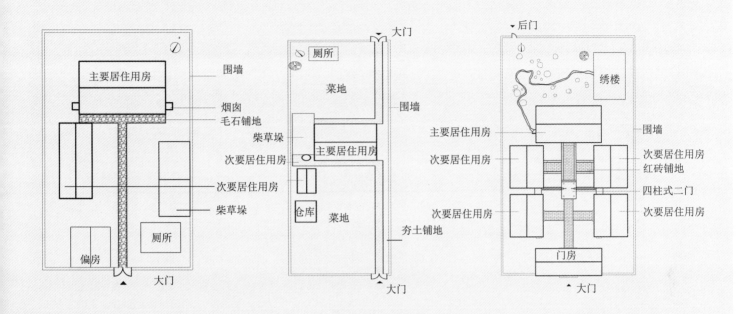

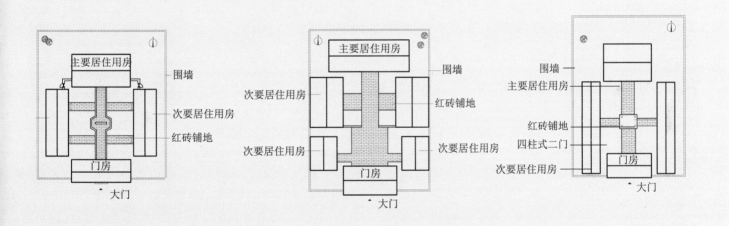

楼多为阁楼式的"苞米仓子"，楼中存放苞米，楼下房放车辆、农具等。若家庭人口少，则东西厢房可用作库房，存粮，或作为碾磨坊，或为存放零杂物品的仓库，或为牲口房。

4．索罗杆置于院落中间偏东南位置上。

5．正房前通常设置一个供祭祀活动的平台——月台。

3.1.2.2 院落尺度

1．院落中正房和门房南北向相对布置，以两者中心线为中轴南北单向纵深控制整个矩形院落，院落尺寸较为宽大，布局松散。独院、二合院院落长度南北：东西约为2～3：1，三、四合院院落长度南北：东西约为1.5～2：1。东西厢房山墙面距正房前檐墙面约5米，在正房南侧呈东西向相对布置，并对正房不会形成遮挡。

2．院落中以正房为分界形成前后院，前院为主要使用空间，在独院、二合院和三合院、四合院中面积占整个院落面积的比例分别为2/3、2/3～3/4、2/3～4/5。

3．前院以正房体量最大、高度最高，一般3～5开间，东西厢房体量次之、高度基本与正房一致，门房体量再次之、高度基本与正房一致，一般两开间。仓房一般置于前院东西厢房南侧靠近门房的两侧，体量明显小于正房和厢房，高度约为正房的3/4～4/5。

4．苞米楼和畜生圈一般分布在前院东西厢房南侧靠近院门的两侧，苞米楼多为阁楼式的"苞米仓子"，楼中存放苞米，楼下房放车辆、农具等。若家庭人口少，则东西厢房可用作库房，存粮，或作为碾磨坊，或为存放零杂物品的仓库，或为牲口房。

5．院门至正房为院内主路，一般2～4米，主路与东西厢房和附属建筑之间用次路连接，一般2～3米，均为硬质地铺。

6．院墙高度一般为1.5～1.7米，且院墙与房屋分开，而不利用房屋的墙兼做院墙。院门分"杆式"和"房式"两种，高度不低于院墙。院内用以分隔区域的矮墙高度一般在0.9～1.2米。

7．迁往平原后的院落将用作主人起卧的第二进或第三进院落的地坪以人工填土夯造的方法抬高，不同高差的两进院落之间由一片挡土墙进行分隔，形成特色极为鲜明的满族"高台院落"，高台高度为二尺到一丈不等。

3.1.3 主要居住建筑平面典型特征

"口袋房，万字炕，烟囱立在地面上"，极其形象地概括了满族民居基本的平面形式。在辽沈地区，满族主要居住建筑平面可分为"口袋房"和"对面屋"两种形式。

3.1.3.1 "口袋房"式（图3-1-17～图3-1-20）

1．平面呈矩形，一般为三～五开间，坐北朝南。三开间在最东边一间的南侧开门，四开间和五间在东次间开门，开门于一端。

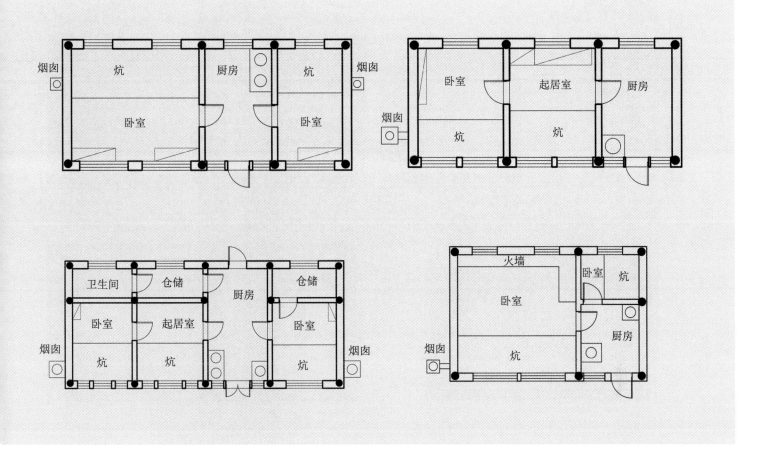

17	18
19	20

图3-1-17　平面图1

图3-1-18　平面图2

图3-1-19　平面图3

图3-1-20　平面图4

2．开间尺寸2.9~4.2米，进深尺寸4.4~8.0米。

3．厨房两个角上设1~2个锅台，锅台长宽大致相同，约为0.75~0.8米。

4．卧室内保留有"一面炕"和"万字炕"两种形式，南北炕宽约为1.7米，西炕宽约为0.5~0.6米，高度均约为0.5米。

5．"跨海烟囱"置于山墙面的一侧或两侧，基部距离山墙1~2米。

6．卧室内保留有火墙，设在炕面上，与炕同宽，高1.5~2米。

3.1.3.2　"对面屋"式（图3-1-21~图3-1-26）

1．平面呈矩形，一般为三或五开间，坐北朝南，中间开门。

2．开间尺寸3.6~5.7米，进深尺寸5~7.5米。

3．厨房四角分设四个锅台，锅台的烧口不能两两相对，锅台长宽大致相同，约为0.75~0.8米。

4．卧室内保留有"一面炕"、"对面炕"和"万字炕"三种形式，南北炕宽约为1.7米，西炕宽约为0.5~0.6米，高度均约为0.5米。

5．"跨海烟囱"置于山墙面的一侧或两侧，基部距离山墙1~2米。

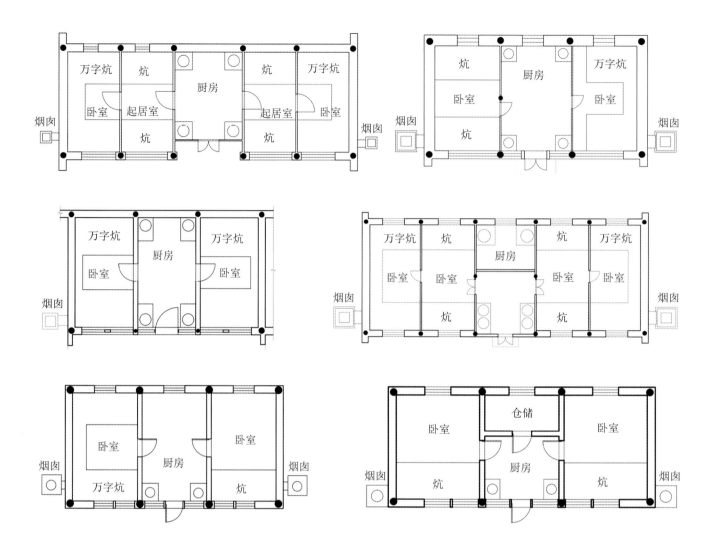

3.1.4 满族民居外观形态的典型特征

3.1.4.1 外观形式

辽沈地区满族传统民居的外观形式主要有双坡硬山瓦顶和双坡硬山草顶两种（图3-1-27、图3-1-28）。

3.1.4.2 立面构成

1. **正立面**（图3-1-29~图3-1-43）

1）分为三段：台基、墙身及屋面。屋顶/屋身约为0.772（无台基），屋顶/屋身/台基约为6：7：1。

2）前檐墙在两檐柱间开支摘窗或直棂窗，窗间墙和窗下槛墙为砖石，窗

27	图3-1-27	双坡草顶典型外观图
28	图3-1-28	双坡瓦顶典型外观图

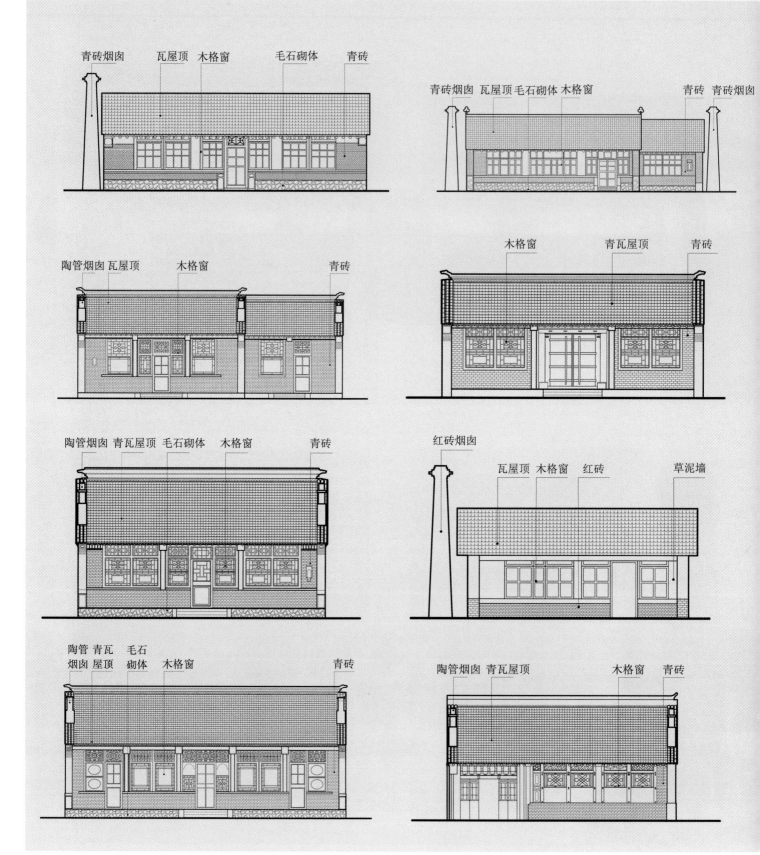

青砖烟囱　瓦屋顶　木格窗　　毛石砌体　青砖

青砖烟囱　瓦屋顶　毛石砌体　木格窗　　　　青砖　青砖烟囱

陶管烟囱　瓦屋顶　　　木格窗　　　　青砖

木格窗　　　　青瓦屋顶　　　青砖

陶管烟囱　青瓦屋顶　毛石砌体　木格窗　　　青砖

红砖烟囱

瓦屋顶　木格窗　红砖　　　　草泥墙

陶管　青瓦　毛石　　木格窗　　　　　　青砖
烟囱　屋顶　砌体

陶管烟囱　青瓦屋顶　　　　木格窗　青砖

29	30
31	32
33	34
35	36

图3-1-29　正立面图1

图3-1-30　正立面图2

图3-1-31　正立面图3

图3-1-32　正立面图4

图3-1-33　正立面图5

图3-1-34　正立面图6

图3-1-35　正立面图7

图3-1-36　正立面图8

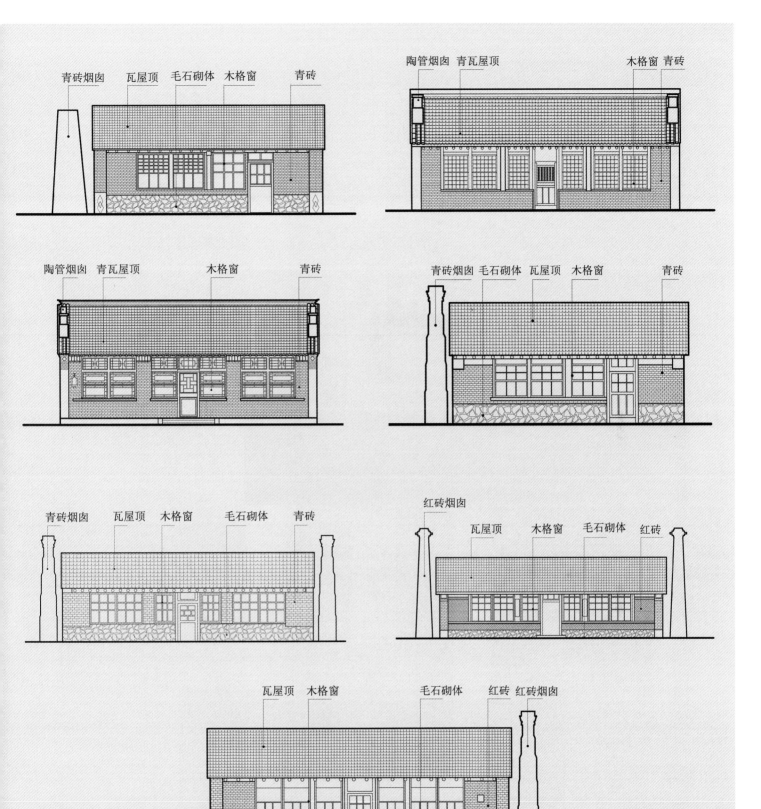

青砖烟囱　瓦屋顶　毛石砌体　木格窗　　青砖

陶管烟囱　青瓦屋顶　　　　　　木格窗　青砖

陶管烟囱　青瓦屋顶　　　木格窗　　　青砖

青砖烟囱　毛石砌体　瓦屋顶　木格窗　　　青砖

青砖烟囱　　瓦屋顶　木格窗　毛石砌体　青砖

红砖烟囱　瓦屋顶　　木格窗　毛石砌体　红砖

瓦屋顶　木格窗　　　毛石砌体　红砖　红砖烟囱

37	38
39	40
41	42
43	

图3-1-37　正立面图9

图3-1-38　正立面图10

图3-1-39　正立面图11

图3-1-40　正立面图12

图3-1-41　正立面图13

图3-1-42　正立面图14

图3-1-43　正立面图15

与石墙（虚实对比）、木材与砖石（材料对比）形成强烈的对比，其中槛墙多为石块砌筑，檐墙为砖砌。

3）窗台距室内地坪0.8～0.9米，占前檐墙高度的3/10左右。

4）前檐墙墙面面积占前檐墙面积的48%～65%，其余基本为门窗。单扇门高/宽约为2～2.5∶1，单扇窗高/宽约为1.2～2∶1。

2. 背立面（图3-1-44～图3-1-48）

1）后檐墙窗台高0.9～1.0米，高于南向的窗台，且每间只开一扇窗户。

44	
45	46
47	48

图3-1-44　背立面照片

图3-1-45　背立面图1

图3-1-46　背立面图2

图3-1-47　背立面图3

图3-1-48　背立面图4

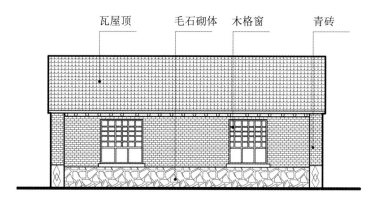

瓦屋顶　毛石砌体　木格窗　青砖

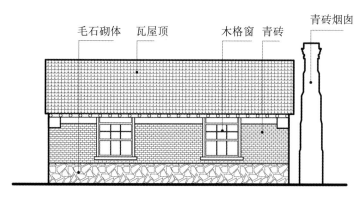

毛石砌体　瓦屋顶　木格窗　青砖　青砖烟囱

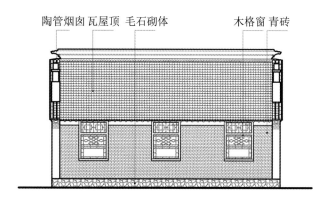

陶管烟囱　瓦屋顶　毛石砌体　木格窗　青砖

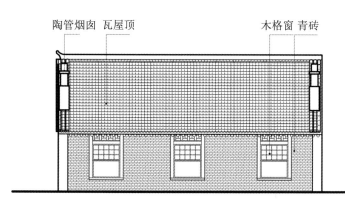

陶管烟囱　瓦屋顶　木格窗　青砖

2）墙面为砖砌，墙面面积占后檐墙的80%左右。

3. **侧立面**（图3-1-49～图3-1-54）

1）山墙由腰线石（砖）分成两部分，下部用砖或石垒砌。

2）山墙极少开窗。

3）上部在墙中心砌成阶梯状的墙心，为"五花山墙"，材料一般为条石，上部余下部分用砖填塞。

4）靠近脊檩的山墙处留有梁架的通气孔，往往用砖拼成几何图案。

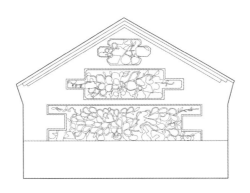

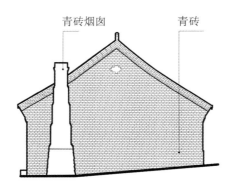

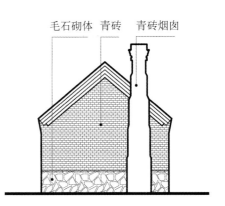

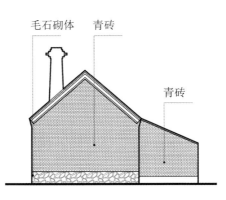

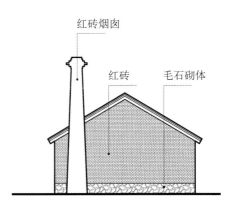

49	50
51	52
53	54

图3-1-49 **侧立面图1**

图3-1-50 **侧立面外观图**

图3-1-51 **侧立面图2**

图3-1-52 **侧立面图3**

图3-1-53 **侧立面图4**

图3-1-54 **侧立面图5**

5）屋顶高跨比约为0.322。

3.1.4.3 烟囱

烟囱是满族民居建筑中的重要造型要素之一。辽沈地区满族民居中的烟囱按与外墙的关系主要分为两种："跨海烟囱"和附墙式烟囱。

1. "跨海烟囱"（图3-1-55）

1）横截面为方形。

2）分为收分式和变截面式两种。收分式烟囱由下到上作收分，收分角度约为15°。变截面式烟囱从下到上分为四层或五层，退台式层层上收，每层收进约0.03～0.05米。

3）高出屋面0.5～1.5米。

2. 附墙式烟囱

1）横截面为方形。

2）一般不做收分或变截面处理，截面尺寸一般约为0.7米×0.7米或0.8米×0.8米。

3）从山面看，烟囱与山墙面位置的比例关系如图3-1-56所示。

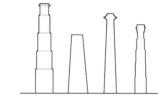

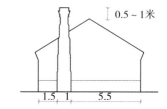

55

————

56

图3-1-55　烟囱样式图

图3-1-56　烟囱与山墙面比例关系图

3.1.5　满族民居装饰的典型特征

3.1.5.1　重点装饰部位及装饰纹样

重点装饰部位有正脊、鳌尖、滴水瓦、墀头、门窗、山墙、槛墙等处。

1. 正脊

1）正脊中间段可用瓦片或花砖装饰，叫花瓦脊，比较讲究，拼出的图案有银锭、鱼鳞、锁链和轱辘钱等几种（图3-1-57、图3-1-58）。

2）正脊两端装饰（图3-1-59、图3-1-60）。

2. 门窗（图3-1-61）

1）满族窗花式样简练，线条粗犷，各种基本样式组合比较简单，随意性强，只求好看，寓意吉祥。

2）窗户为支摘窗，分上下两扇，用软杂木制作。上扇窗用木条制成"云子卷"或"盘肠"式的窗花装饰，下扇窗户也是用木条制成均匀的方格。

57

————

58

————

59

————

60

图3-1-57　正脊中段样式图1

图3-1-58　正脊中段样式图2

图3-1-59　正脊两端样式图1

图3-1-60　正脊两端样式图2

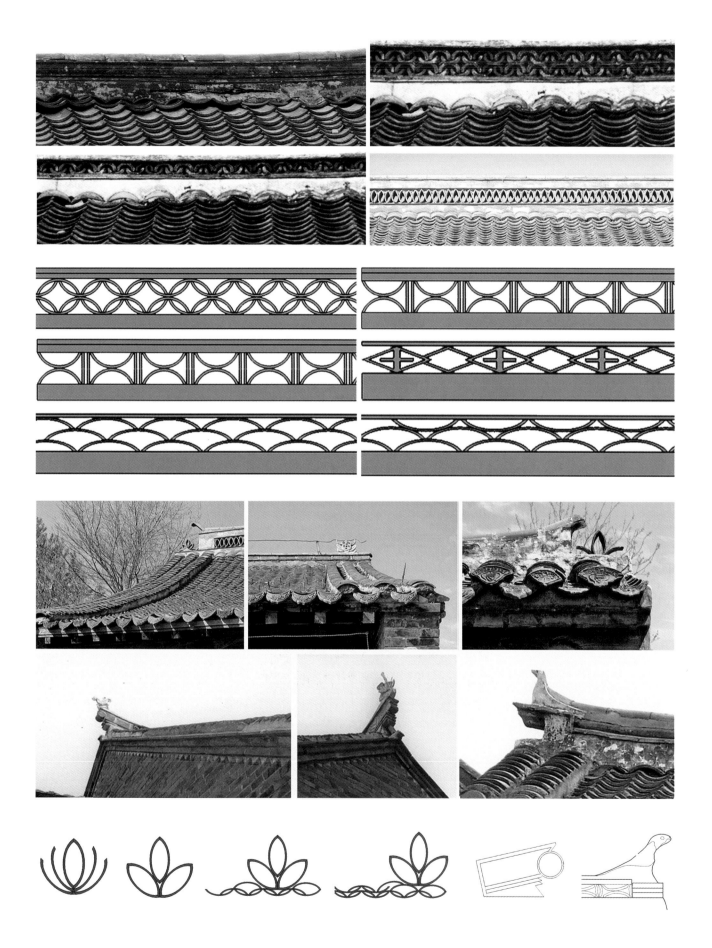

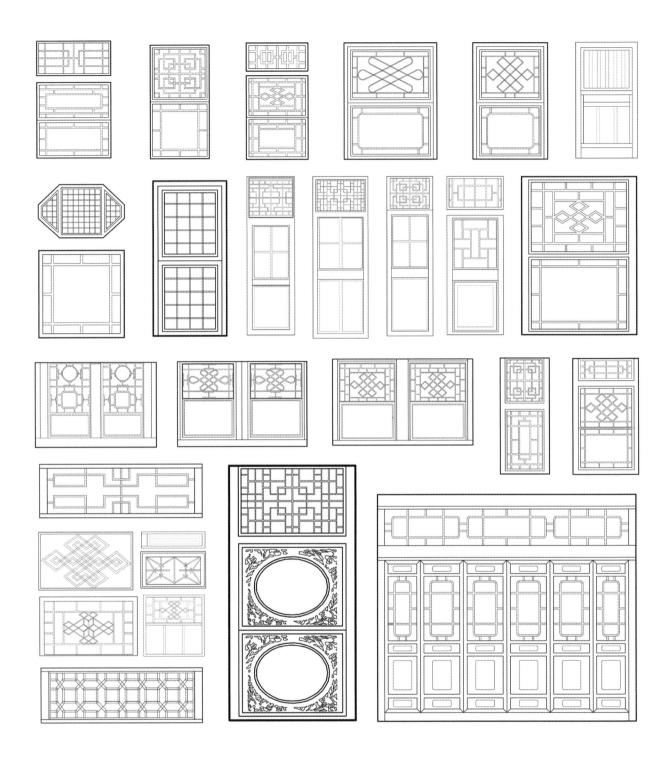

3）门窗的装饰纹样有：卧蚕、工字、菱形、万字、方胜、云纹、亚字、回纹、轱辘线、双笔筒、圆盘肠、方盘肠、井字、套方、风车纹、灯笼锦和十字等（图3-1-62）。

图3-1-61 门窗样式图

3. **砖石装饰纹样**（图3-1-63、图3-1-64）

4. **山墙装饰纹样**（图3-1-65）

图3-1-62　门窗棂格样式图

图3-1-63　砖石墀头装饰纹样图

图3-1-64　砖石看墙装饰纹样图

图3-1-65　山墙山坠腰花样式图

62

63

64

65

3.1.6　满族民居色彩的典型特征

图3-1-66　草顶泥墙外观图

屋面颜色为瓦原色,墙体为泥、青砖、红砖、毛石等材料的原色(图3-1-66、图3-1-67)。门窗木构件多为木质原色,后期建造的房屋多施以绿色、蓝色或赭石色油漆。

3.1.7　满族民居构造的典型特征

3.1.7.1　屋架

1. 抬梁式(图3-1-68、图3-1-69),台基上置柱础,柱础上立圆柱,柱上架梁(柁),梁上支短柱,短柱上置檩和揪,檩上再架梁,如此层叠而上。

2. 屋顶采用举折做法,屋顶高跨比约为0.322。

3.1.7.2　梁架

1. 檩揪式梁柱体系结构,其中五檩五结构体系揪在辽沈地区满族民居中用得最多。

2. 满族民居建筑除了明间与东次间交界处有一根"通天柱"以外,室内无其他柱子。

3.1.7.3　屋面

1. 瓦屋面

1)瓦屋面的构造为先铺望板,上部钉压条子,抹泥,坐泥顶上再抹瓦泥,瓦泥之上盖小青瓦。

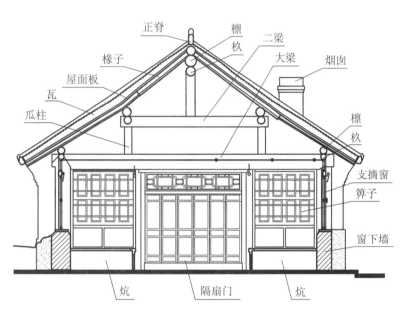

正脊　檩　枋　二梁　大梁　烟囱
椽子
屋面板
瓦
瓜柱
檩　枋
支摘窗
算子
窗下墙
炕　隔扇门　炕

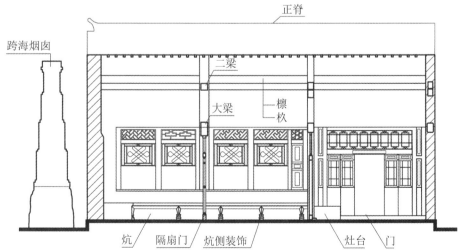

正脊
跨海烟囱
二梁
大梁
檩　枋
炕　隔扇门　炕侧装饰　灶台　门

67
68
69

图3-1-67　瓦顶青砖墙外观图

图3-1-68　横剖面图

图3-1-69　纵剖面图

2）满族民居中一般用的瓦均为青瓦，有筒瓦、板瓦、滴水和少数的勾头。

2. 屋脊的做法有花瓦脊（图3-1-70）和实心脊两种（图3-1-71）。

3.1.7.4 檐部

辽沈地区常见的檐部做法是挑檐做法（图3-1-72）。出挑方式为利用椽子出挑，檐口处椽子外露，也可以看到梁头。檐口出挑深度约为0.9～1.0米。

3.1.7.5 墙体

1. 墙体主要由砖砌筑而成，砖块的砌筑以卧砖的使用最为常见，一般采用全顺式，也有采用立砖形式，一顺一丁式，内填充草泥（图3-1-73）。

2. 五花山墙（图3-1-74）

五花山墙上的石头是用不规则形状的山石，做法有一定规则。在两块石砌墙之间必定隔以两皮砖。

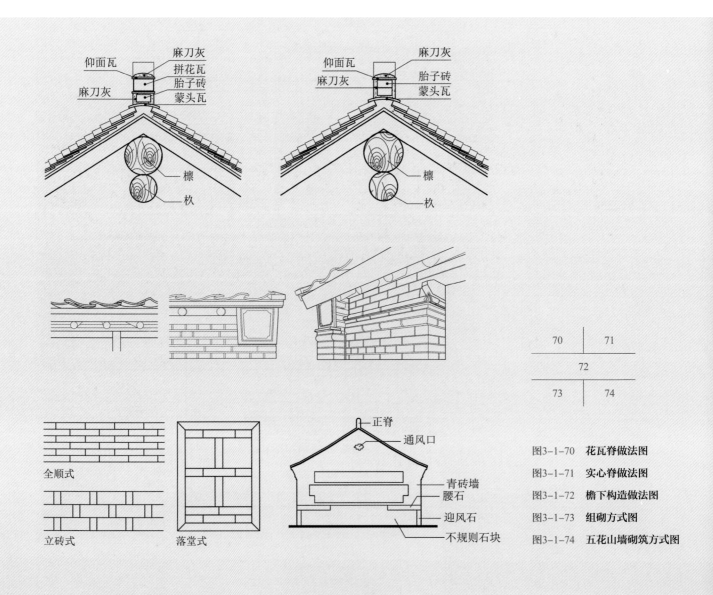

70	71
72	
73	74

图3-1-70　花瓦脊做法图
图3-1-71　实心脊做法图
图3-1-72　檐下构造做法图
图3-1-73　组砌方式图
图3-1-74　五花山墙砌筑方式图

3.1.8 小结

在历史发展过程中随着民族的融合，特别是乾隆之后的"满俗汉化"思想观念的倡导，满族村落和民居的融合特征越来越强，而本民族的独特性越来越弱，但仍可以概括出其主要特点。

满族是辽沈地区的土著民族。第一，"择高而居"是其不同于中原的选择居住环境的重要理念。村落的选址经历了"山地→丘陵→平原"三个阶段，但始终坚持在山地则选择山顶或半山腰，丘陵则选址地形较高处，到了平原仍选址地势相对高的皱褶处。第二，村落布局中，秉持"居高为尊"的思想，村中重要建筑布置在地势最高的地方，地位越高的人，其院落所在的地势也越高。第三，仍以院落构成村落的基本单元，院落形式仍有独院、三合院、四合院几种常见形式，但索伦杆、月台以及存放粮食的苞米楼却是满族院落中的标志性元素。第四，建筑全部采用硬山顶，"跨海烟囱"成为其立面典型的构成要素。第五，"以西为尊"的思想，西侧山墙和西炕成为供奉祖先和神灵的尊贵地方。第六，"口袋房"、"万字炕"成为满族民居平面典型布局形态。第七，未必是满族人发明，但被满族民居普遍采用的"檩枋式"构架体系，成为其民居民族特色的一部分。第八，满族村落的整体色彩仍以建筑材料的原色为主，但喜好浓烈色彩的满族人在重要建筑的重要部位往往喜欢对比强烈的鲜艳色彩，尤其喜欢蓝、绿、红、黄等颜色。第九，建筑装饰的部位、题材和纹样具有明显多民族融合的特点。

3.2 体现满族特色的村落风貌建设引导

3.2.1 整体风貌建设目标

沈阳市乡村中以满族为主体民族的村庄，其建筑和景观风貌应具有满族民族的鲜明特点。

3.2.2 村落景观风貌

3.2.2.1 保护和传承辽沈地区满族传统村落特有的自然环境

1. 最大限度地保护既有村落所依托的山水环境；

2. 对于既有村落已遭到人为破坏的山体、河道、植被等尽可能进行修补；

3. 新迁建村落的选址既要满足国家现行法律法规及上位总体规划要求，又要符合传统村落的选址特点。

3.2.2.2 保护和传承辽沈地区满族村落的格局和肌理

1. 对于既有村落的改造提升，要最大限度地保护和延续辽沈地区满族村落的布局特点和图底关系，以重要的公共建筑和公共空间为核心，以大量的民宅院落为分布面，以村内道路为交通线。

2. 保护与延续路网特点，即以公路为中轴延展的带状布局和地处背山面水的传统满族村落的网格状或鱼骨状布局。

3. 院落与院落之间的排列方式宜保留或延续传统的行列式或组团式。

4. 对于新迁建村落，在满足国家现行法律法规及当代人使用的前提下，应体现辽沈地区传统满族村落的格局及肌理特点。

3.2.2.3 突显具有辽沈地区满族文化特色的村落景观

1. 在村域范围内搭建具有满族特色的景观构架，将村落中全部的文化景观（包括山水环境、山水中的各类文化景观标志物、农田及居民点中的景观点）全部纳入整体的景观结构中。

2. 重点建设具有辽沈地区满族特色的景观节点。

1）在村落的出入口应设置既能体现满族民居特点又具有村落自身产业等特点的标志物；

2）村落中应设置2~3处活动广场，广场的位置宜选在村民方便到达、人员活动较集中的区域，如村委会周边；广场中的设施除满足当代村居普遍的活动内容外，重点应设置具有满族传统民族特色的设施，如跳马器械；广场中各景观要素——景墙、亭、廊、铺地及植物模纹等都应体现辽沈地区满族文化特点；

3. 村落中公共设施，包括路灯、座椅、垃圾箱、公共厕所、公交站牌、导视牌、道路铺装等在造型装饰上均应体现辽沈地区满族文化特点。

4. 村落的绿化应满足宜居乡村建设标准，应采用满族喜爱的花卉和树种（图3-2-1）。

3.2.2.4 村落的总体色彩应以传统素色为主

素色以灰色以及木材、砖石、草泥的原色为主色调，以明度略高的鲜艳色为点缀，广泛使用满族喜爱的色彩，黄色、红色、蓝色和黑色（图3-2-2）。

3.2.3 院落风貌

1. 对形成于新中国成立前，且具有辽沈地区满族传统院落特点及传统生产生活方式

毛樱桃
4月粉花5~6月红果

东北连翘
4~5月黄色花

小叶丁香
4~5月紫色花

小叶丁香
6~7月白色花

小叶黄杨
四季常青

珍珠绣线菊
4~5月白色花

黑心菊
6~10月黄色花

黄刺玫
5~6月黄色花

榆叶梅
4~5月粉红色花

金山绣线菊
8~9月浅粉色花

马蔺
5~6月紫色花

牡丹
5月粉红色花

紫叶稠李
三季紫色叶

柏树
四季常青

糖槭
秋金黄色叶

垂柳
下垂枝条

图3-2-1 **推荐的花卉和树种**

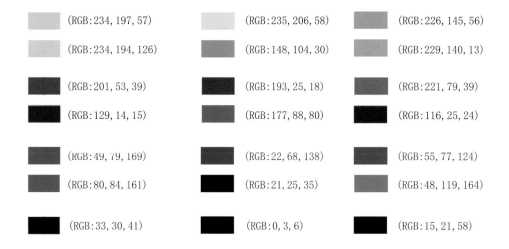

(RGB:234, 197, 57)	(RGB:235, 206, 58)	(RGB:226, 145, 56)
(RGB:234, 194, 126)	(RGB:148, 104, 30)	(RGB:229, 140, 13)
(RGB:201, 53, 39)	(RGB:193, 25, 18)	(RGB:221, 79, 39)
(RGB:129, 14, 15)	(RGB:177, 88, 80)	(RGB:116, 25, 24)
(RGB:49, 79, 169)	(RGB:22, 68, 138)	(RGB:55, 77, 124)
(RGB:80, 84, 161)	(RGB:21, 25, 35)	(RGB:48, 119, 164)
(RGB:33, 30, 41)	(RGB:0, 3, 6)	(RGB:15, 21, 58)

特点的院落，应进行重点保护，尽可能完整保留院落的各个要素、平面布局和空间尺度，对于后期拆除或改建部分，应根据原状进行复原。

图3-2-2　景观要素推荐色谱

2. 对于新中国成立后，特别是改革开放后形成的院落，在满足村民当代需求的基础上，根据传统院落的构成要素及各要素之间位置关系进行适当改造（图3-2-3～图3-2-5）。对于院落中除了主体建筑以外的院门、围墙、院与院之间的隔墙、院内铺地、存放粮食及杂物的仓库及堆放柴草等燃料的地方均应结合使用要求，对外观形式进行改造提升，使其体现辽沈地区满族的民族特点。

3. 对于新建的院落，在满足国家现行法律法规及村民使用要求的前提下，院落的布局形态尽可能体现传统院落的构图及比例尺度等特点。

3.2.4　建筑风貌

1. 对于建成在新中国成立前，且具有辽沈地区满族传统民居典型特点的房屋（目前这类建筑在辽沈各地的满族村中，存量极少），必须进行保留并进行重点保护。对于破损部分，应根据原貌进行妥善维修。

2. 对于建成在新中国成立后，特别是近二、三十年建成的房屋，结合村民使用要求，进行不同程度的提升改造，以体现辽沈地区满族的民居特点。

1）对于整体质量很好、建成时间很短，且缺少满族建筑风貌特色的房屋，应在充分尊重现状的基础上，适当增加满族传统建筑符号，包括檐下、门窗仿木结构框架、山墙以及整体色调和局部色彩的处理，来突显出辽沈地区满族的民族特点；

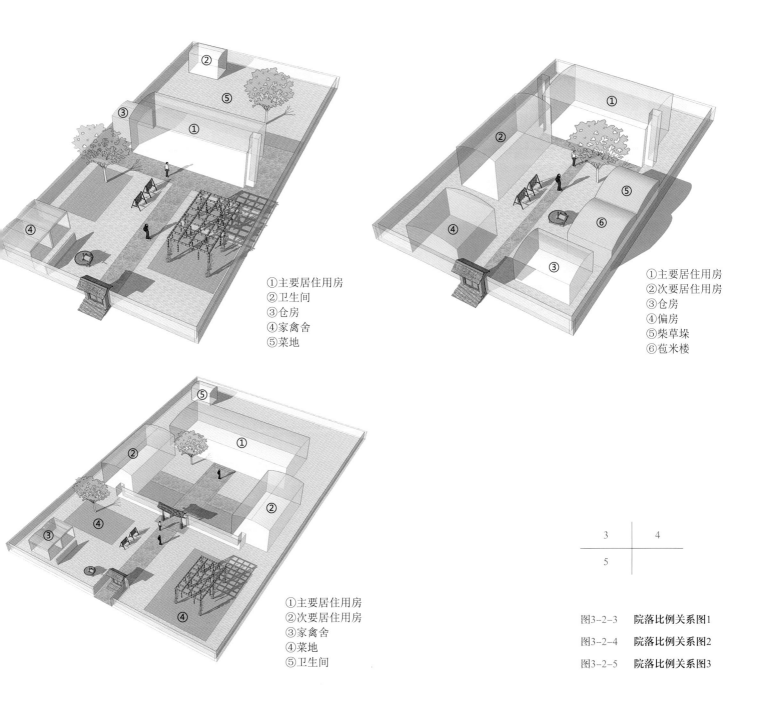

①主要居住用房
②卫生间
③仓房
④家禽舍
⑤菜地

①主要居住用房
②次要居住用房
③仓房
④偏房
⑤柴草垛
⑥苞米楼

①主要居住用房
②次要居住用房
③家禽舍
④菜地
⑤卫生间

3	4
5	

图3-2-3　　院落比例关系图1

图3-2-4　　院落比例关系图2

图3-2-5　　院落比例关系图3

　　2）对于整体结构较好，但屋面、墙体及门窗有局部破损，缺少墙体和屋面的保温，整体风貌缺少满族民族特点的房屋，应在修缮和保温改造中体现辽沈地区满族的民族特点。

　　3．对于村民拟新建的房屋，首先应满足国家现行的法律法规及当代使用要求，其次房屋的外观形态和细部装饰应体现辽沈地区满族的民族特点。

　　4．村中的公共建筑和居住建筑的色彩，应采用以下推荐的色谱（图3-2-6）。

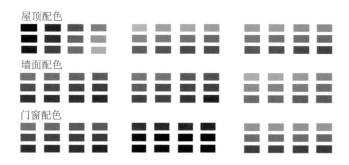

屋顶配色

墙面配色

门窗配色

图3-2-6　改造或新建建筑推荐色谱

3.3 设计示例——沈阳市沈北新区中寺村风貌提升设计

3.3.1　现状风貌及问题

中寺村是典型满族村，位于沈北新区马刚乡，坐落于沈阳市东部山区范围内，2014年作为沈阳市宜居乡村建设的典型村庄，有深厚的文化底蕴和自然优势（图3-3-1）。

中寺村的整体村庄风貌无满族特色。文化上，村庄重要节点空间处缺乏绿化景观，未能充分体现出满族文化。院门尺寸、风格不一，围墙形式单一，地面铺装多用黏土砖或水泥铺装，无特色且不环保。功能上，院落布局简单功能单一，部分院落缺乏晒菜场地和柴草棚。质量上，院墙和院门多出现破损，道路场地铺装出现破损冻裂或未硬化，建筑水泥台基也有不同程度的皮损，院内的仓房、家禽舍等建筑或构筑物质量较差（图3-3-2）。

图3-3-1　中寺村区位及现状图

董老路

中寺村

国家森林公园

图3-3-2　中寺村现状风貌图

3.3.2　院落的提升改造设计

3.3.2.1　院落改造示例一

1. 院落现状

院落建成时间约四十年，整体风貌较差需要重点改造。院落的功能结构较为复杂，有正房、冲凉间、柴草堆、家禽舍、简易库房、卫生间和种植用地。铺地材料为黏土砖，院落内部缺少晾晒场地。整体质量破损严重，居住舒适度较低，且未能充分体现满族文化（图3-3-3）。

2. 院落改造提升方案

保留原道路、菜园的位置，拆除私自搭建的柴草棚和冲凉间。将路面翻新，铺拐子锦形式铺装，两侧添加满族图案；将卫生间立面、入户楼梯及坡道进行翻修，场地铺装翻新。为适应现代农村生活，拟在院落的南侧新建卫生间、冲凉间和柴草垛；道路两侧新建花池，道路东侧新建水池；厢房向南扩建作为车库；新建院墙和院门，合理运用满族装饰纹样（图3-3-4、图3-3-5）。

3.3.2.2　院落改造示例二

1. 院落现状

院落建成时间约三十五年，整体风貌较差需要重点改造。院落的功能结构较为复杂，有正房、仓房、柴草棚、马棚、卫生间、车库和种植用地等。路面没有硬质铺装，整体质量破损严重，未能充分体现满族文化（图3-3-6）。

2. 院落改造提升方案

保留原有道路、菜园的位置，保留马棚。拆除私自搭建的仓房和柴草棚，拆除车库和卫生间。将路面进行硬质铺装，铺满族特色人字纹形式铺装；将卫

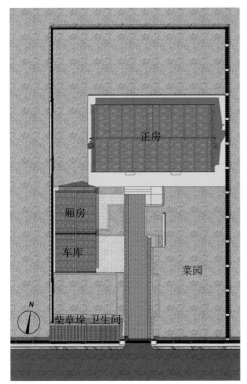

生间、马棚立面进行翻修，菜园围墙翻新。为适应现代农村生活，拟在院落的南侧新建卫生间、冲凉间、柴草垛、车库；道路两侧新建花池，马棚旁新建粪便收集池；新建院墙和院门，合理运用满族装饰纹样（图3-3-7、图3-3-8）。

3.3.2.3 院落改造示例三

1. 院落现状

院落建成时间约三十年，整体风貌较差需要重点改造。院落整体较为破旧，私自搭建的仓房和柴草垛布局较为分散。路面没有硬质铺装，菜园的石头

3

4 | 5

图3-3-3　院落现状图

图3-3-4　院落改造后平面图

图3-3-5　院落改造后效果图

图3-3-6　　院落现状图

图3-3-7　　院落改造后平面图

图3-3-8　　院落改造后效果图

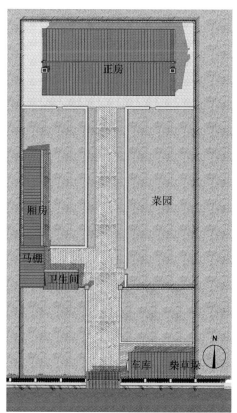

围墙结构不稳定，院落内部缺少晾晒场地。整体质量破损严重，居住舒适度较低，且未能充分体现满族文化（图3-3-9）。

2. 院落改造提升方案

保留原道路、卫生间、菜园的位置，拆除私自搭建的柴草棚和小仓房。将路面硬化，铺人字纹形式铺装，添加菱形元素；将卫生间立面、菜园围墙进行翻修。为适应现代农村生活，拟在院落的南侧新建仓房、冲凉间和柴草垛；道路两侧新建花池，道路东侧新建水池；新建院墙和院门，合理运用满族装饰纹样（图3-3-10、图3-3-11）。

9	
10	11

图3-3-9　院落现状图
图3-3-10　院落改造后平面图
图3-3-11　院落改造后效果图

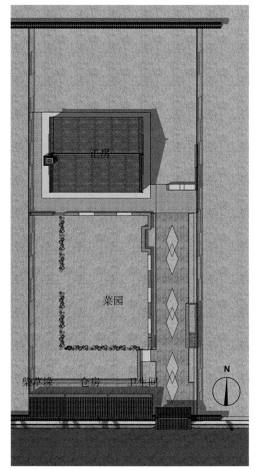

3.3.2.4 院落改造示例四

1. 院落现状

院落建成时间约三十年，整体风貌较差需要重点改造。院落内有正房、仓房、农具房、卫生间、家禽舍和种植用地等。院落地面未硬化，没有明显的入户道路，仓房、车库、农具棚等较为破旧。整体质量破损严重，居住舒适度较低，且未能充分体现满族文化(图3-3-12)。

2. 院落改造提升方案

保留原有场地、菜园的位置，保留仓房、车库、农具棚和鸡舍。拆除长条形柴草棚，拆除东侧仓库、卫生间。将地面进行硬化，中间添加满族图案；将仓库、车库、农具棚进行翻新。为适应现代农村生活，新建卫生间、冲凉间和苞米楼等；新建道路，铺设席纹形式铺装，道路两侧新建花池；新建院墙和院门，合理运用满族装饰纹样(图3-3-13、图3-3-14)。

图3-3-12　院落现状图

图3-3-13　院落改造后平面图

图3-3-14　院落改造后效果图

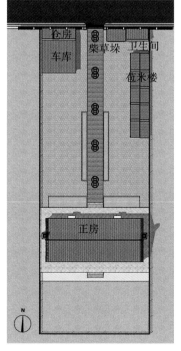

3.3.3　建筑单体提升改造设计

3.3.3.1　建筑改造示例一

1．建筑现状

整体建筑质量较好，屋顶形式为典型满族民居的硬山双坡式，屋面局部有破损，需要重新铺瓦修整。主体砖混结构完整，外墙保温效果不佳，且材质和颜色外均没有体现出传统满族民居的特色，铝合金门窗质量较好但缺少特色。整体建筑上缺少满族传统建筑典型符号。

2．建筑改造提升方案

本方案在充分尊重原有民居色彩的基础上，对立面进行色彩上的整改，搭配协调，提取传统满族建筑门窗中的"套方"和"菱形"的纹样进行重新组合并运用到门窗装饰中（图3-3-15~图3-3-17）。

3.3.3.2　建筑改造示例二

1．建筑现状

屋面局部有破损，需要重新铺瓦修整。主体砖混结构完整，外墙保温效果不佳，材质和颜色外均没有体现出传统满族民居的特色，木质门窗较为破旧。

图3-3-15　示例一建筑改造过程图

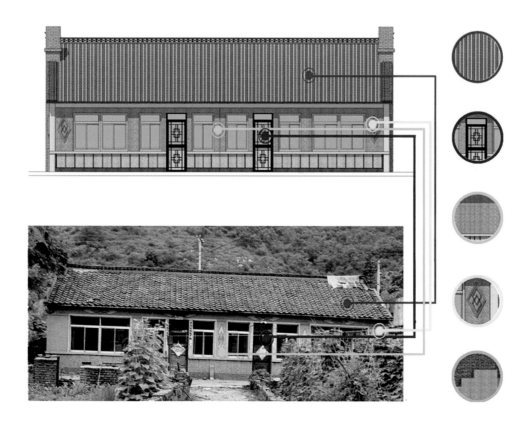

图3-3-16　示例一建筑改造后效果图

图3-3-17　示例一建筑改造后立面图

2. 建筑改造提升方案

本方案是通过现代材料和施工方式进行整修的典型案例，充分吸取典型传统样式和符号并运用在屋面、门窗、山墙等地方，使得传统意向突出且便于普遍推广。对门窗材质进行替换，并加以传统满族建筑门窗中的"套方"和"菱形"纹样进行重新组合运用（图3-3-18～图3-3-20）。

3.3.3.3　建筑改造示例三

1. 建筑现状

整体建筑质量较好，主体砖混结构完整，外墙立面的材质和颜色外均没有体现出传统满族民居的特色，铝合金门窗质量较好但缺少特色。整体建筑上缺少满族传统建筑典型符号。

2. 建筑改造提升方案

主要对建筑立面进行整改，充分提取满族典型民居的传统装饰样式和符号并运用在墙体屋面、门窗、山墙等处（图3-3-21、图3-3-22）。

18	图3-3-18　示例二建筑改造过程图
19	图3-3-19　示例二建筑改造后效果图
20	图3-3-20　示例二建筑改造后立面图

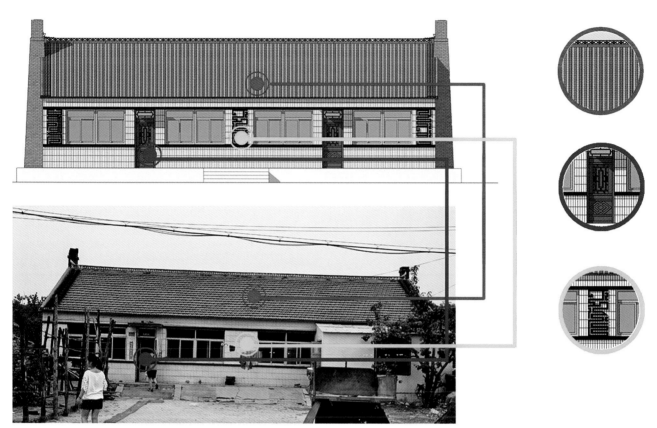

21   图3-3-21   示例三建筑改造过程图

22   图3-3-22   示例三建筑改造后效果图

3.3.4　附属设施提升改造设计

3.3.4.1　院门

1. 院门现状

院门多为铁艺院门，分为半封闭式院门和栏杆式院门。大部分大门破损严重，材料使用单一，形式粗糙且过于普通；院门镂空样式混杂，风格不统一，缺少必要的设计，缺少满族特征符号的提示（图3-3-23）。

2. 院门改造与提升设计（图3-3-24～图3-3-26）

3.3.4.2　院墙

1. 院墙现状

大部分院落、院墙破损严重，影响村容村貌；材料使用单一，多为砖石或铁艺材料，形式过于普通；村庄院墙风格不统一，缺少必要设计；同时使用的材料不环保，未能充分体现满族的文化（图3-3-27）。

2. 院墙改造与提升设计（图3-3-28～图3-3-31）

3.3.4.3　铺地

1. 铺地现状

现状院落中铺地多为水泥抹面或红砖铺设，形式简单，破损严重。缺少满族文化特色（图3-3-32）。

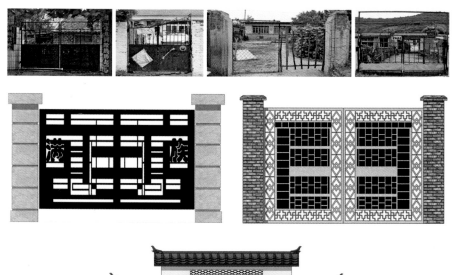

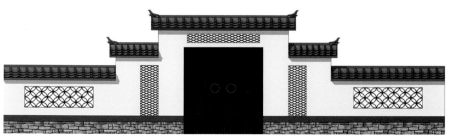

	23	
24		25
	26	

图3-3-23　院门现状图

图3-3-24　院门改造后立面图1

图3-3-25　院门改造后立面图2

图3-3-26　院门改造后立面图3

2. 铺地改造与提升设计

进行铺地提升方案设计时，采用水泥铺装和混凝土铺装，配合砖的几种常用铺法，适当添加满族特色（图3-3-33）。

3.3.4.4　卫生间

1. 卫生间现状

卫生间为旱厕，通风及采光不良，卫生环境较差，建造的比较粗糙简陋，甚至部分有所破损，常常用简易的材料搭建，如木棍、石棉瓦和红砖等（图3-3-34）。

2. 卫生间改造与提升设计（图3-3-35）

3.3.4.5　家禽舍

1. 家禽舍现状

村庄现有的家禽舍多为临时搭建，材料多为红砖，多位于院落一角，整体结构不够坚固，且搭建没有秩序，不美观，影响院落整体形象（图3-3-36）。

2. 家禽舍改造与提升设计（图3-3-37、图3-3-38）

32	34
33	35

图3-3-32　铺地现状图
图3-3-33　铺地改造后平面图
图3-3-34　卫生间现状图
图3-3-35　卫生间改造后立面图

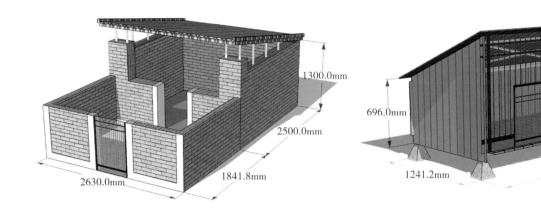

3.3.5 村庄景观环境提升设计

3.3.5.1 景观框架

1. 现状分析

道路两旁围墙较破败，入口标志不明显，缺少座椅、垃圾箱、路灯等公共设施（图3-3-39、图3-3-40）。

2. 景观框架提升

村内过境交通作为中寺村的主要道路，形成以"满族文化"为中心的主要景观轴线。另外一条景观轴线为村子内的人工河，河岸两边形成具有乡野气息的景观。村子内设计三个主要景观节点以及三个次要景观节点，其中村口景观、村委会广场为主要景观节点，增加特色景观绿化带（图3-3-41）。

3.3.5.2 广场

1. 广场1现状分析

广场中场地的利用率较低，场地周边道路不规整，缺少特色景观植物使得硬质场地面积过大，整体缺乏民族特色（图3-3-42）。

2. 广场1的改造与提升设计

广场的风貌提升设计以满族独有的"萨满文化"为设计灵感。在广场中设置萨满面具景墙以及图腾柱。场地中央设置大型活动场地，便于集体活动，在广场北侧设置室外舞台，并于广场四周放置具有满族文化的座椅供村民休憩。场地铺装采用彩色水泥压力砖以及青石板，铺装图案的设计来源于满族文字"福"。广场内种植满族人喜爱的花卉及树种，并进行合理的配置，增强景观效果，整体上体现出浓厚的满族风情（图3-3-43、图3-3-44）。

图3-3-36　家禽舍现状图

图3-3-37　家禽舍改造后效果图1

图3-3-38　家禽舍改造后效果图2

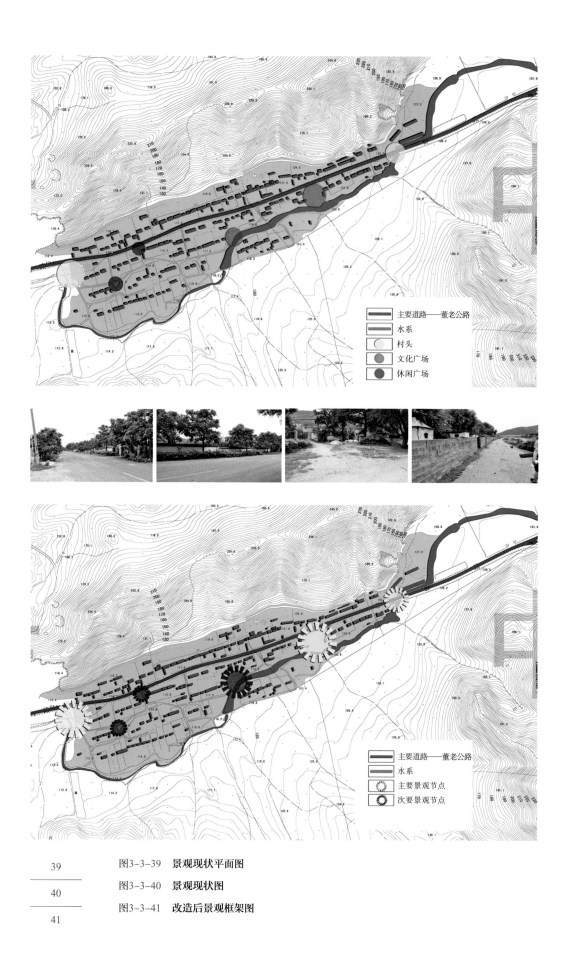

主要道路——董老公路
水系
村头
文化广场
休闲广场

主要道路——董老公路
水系
主要景观节点
次要景观节点

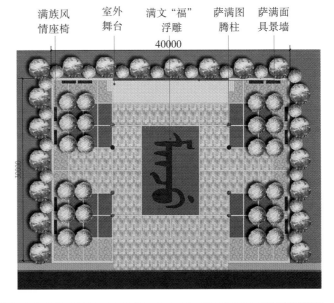

满族风
情座椅　室外
舞台　满文"福"
浮雕　萨满图
腾柱　萨满面
具景墙

40000

图3-3-42　广场1现状图

图3-3-43　改造后广场1平面图

图3-3-44　改造后广场1效果图

1）广场2现状分析

广场中场地分布较为松散，利用率较低，场地周边道路不规整，绿植种类较少且缺少特色景观植物，大量的柴草垛使得整体形象较为杂乱，整体缺乏民族特色（图3-3-45）。

2）广场2的改造与提升设计

广场的设计以满族象征吉祥寓意的"五福拜寿"为设计蓝本。将几块较为零散的广场进行整合，并于广场四周放置具有满族文化的座椅和健身器材，供村民休憩。场地铺装采用彩色水泥压力砖以及青石板，铺装图案的设计来源于满族文字"寿"。广场内种植满族人喜爱的花卉及树种，并进行合理的配置，增强景观效果，整体上体现出浓厚的满族风情（图3-3-46、图3-3-47）。

（1）广场3现状分析

广场中场地不规整、边缘不明显，杂草丛生，场地周围道路不平整，车辆无法正常通行，且堆放了柴草垛及生活垃圾（图3-3-48）。

（2）广场3的改造与提升设计

清理场地内部及周围的生活垃圾。清除场地内杂草，以满族的方胜纹作为广场的主要文化图案。在广场中央设置花池，种植八宝景天、三色堇等草本花卉，场地两侧设置活动场地，便于集体活动。场地铺装采用不规则米黄色石板。广场周边种植满族人喜爱的花卉及树种，并进行合理的层次搭配，增强景

图3-3-45　广场2现状图

图3-3-46　改造后广场2平面图

图3-3-47　改造后广场2效果图

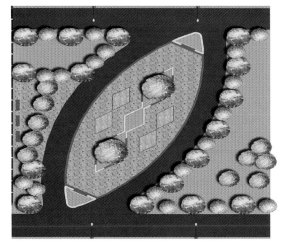

图3-3-48　广场3现状图

图3-3-49　改造后广场3平面图

图3-3-50　改造后广场3效果图

观效果，整体上体现出浓厚的满族风情（图3-3-49、图3-3-50）。

3.3.5.3　大门

1. 大门现状

中寺村的主要出入口处缺少明显的具有特色的标识，也无入口大门，应在适当的位置新建一处具有满族特色的大门。

2. 入口大门设计

大门的设计灵感来源于满族服饰中的"旗头"，通过剪纸的形式，采用红色彩钢作为大门的框架，红色代表吉祥与喜庆，为村子的入口增加非常吸引人的效果。为增强结构稳定性，在大门的下部使用两个满族风格的娃娃剪纸对其进行加固（图3-3-51）。

3.3.5.4　路灯

现村内没有统一风格的路灯，现对其进行设计，灵感来源于满族文字"福"字，整体颜色为红色，搭配黄色，体现吉祥如意的美好寓意（图3-3-52）。

3.3.5.5　标识牌（图3-3-53、图3-3-54）

3.3.5.6　座椅

座椅的设计灵感来源于满族文字"福"。色彩取自于象征喜气的红色，通过将满族福字的外形进行一定变换，创造出具有满族特色的休闲座椅，置于村内的各类广场和边角地。材质主要以红色彩钢和木质为主（图3-3-55）。

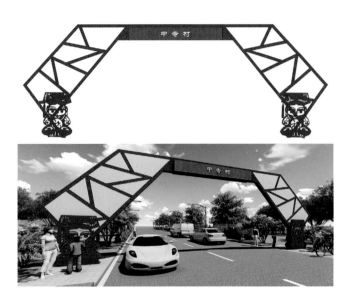

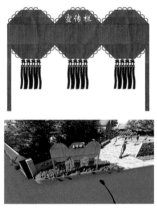

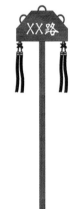

51	
52	53
54	55

图3-3-51　改造后大门效果图

图3-3-52　改造后路灯效果图

图3-3-53　改造后标识牌效果图1

图3-3-54　改造后标识牌效果图2

图3-3-55　改造后座椅效果图

3.3.5.7 垃圾收集点

垃圾收集点的设计灵感来源于满文的形式，颜色以满族人喜爱的黄色为主，红色为辅，体现了吉祥喜庆的美好寓意。垃圾收集点安置于村内次要干道上，方便村民倾倒生活垃圾。其建造形式主要为砖砌，外表刷涂料^{（图3-3-56）}。

图3-3-56　改造后垃圾收集点效果图

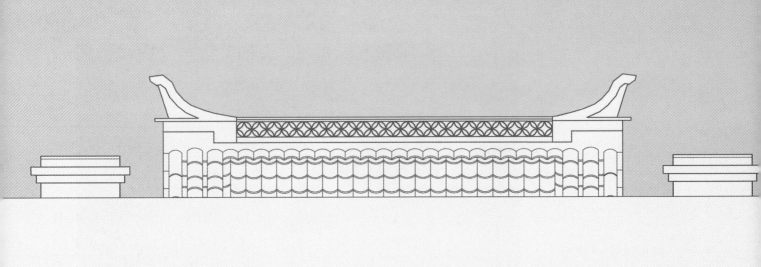

第 4 章

辽沈地区朝鲜族特色村落风貌建设引导

04

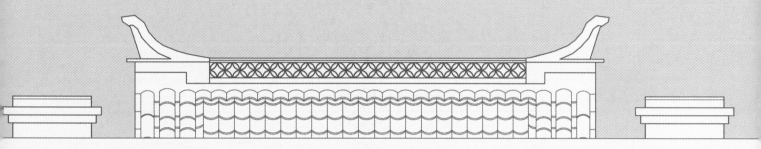

4.1 传统朝鲜族村落及民居特征性语汇符号提取

4.1.1 村落典型特征

4.1.1.1 选址

辽沈地区朝鲜族村落的选址一般多在山的平川地带，附近有水源，易于耕作，或在地势平坦的平原地带，周围有易于开垦的天地和主要的交通干道，交通便利。

4.1.1.2 总体布局

1. 自发形成的村落布局特征（图4-1-1）

背山临水、多分布在山的阳面；道路路网为不规则的网格式；主干路宽约10米，次干路宽约4～5米；院落呈正南北布置，多呈组团式的布局。

2. 统一规划形成的村落布局特征（图4-1-2～图4-1-5）

道路路网为规则的井字格；外部由稻田、水渠围绕；主干路宽约7～8米，次干路宽约5～6米；支路宽约2米；村落设多条直线性道路与稻田相连；院落的布置顺应路网的走势，多为行列式或组团式的布局。

4.1.1.3 公共空间

1. 广场、门球场地多与村委会结合布置；

2. 池塘多临近水渠或结合生产布置。

4.1.1.4 公共建筑

1. 村委会多位于村内主干路的一侧；

| 1 | 2 |

图4-1-1　村落布局示意图1

图4-1-2　村落布局示意图2

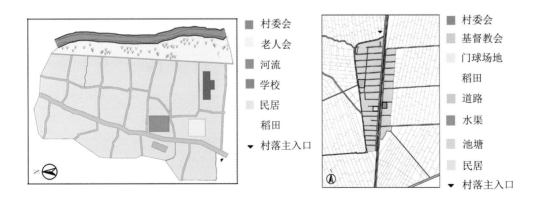

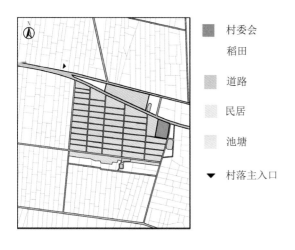

村委会
稻田
道路
民居
池塘
▼ 村落主入口

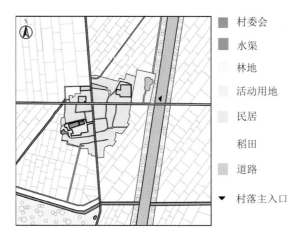

村委会
水渠
林地
活动用地
民居
稻田
道路
▼ 村落主入口

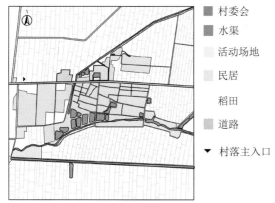

村委会
水渠
活动场地
民居
稻田
道路
▼ 村落主入口

3	4
5	

图4-1-3　**村落布局示意图3**

图4-1-4　**村落布局示意图4**

图4-1-5　**村落布局示意图5**

2. 老年人活动中心多与村委会结合布置；

3. 基督教会多靠近村内干路、多位于村口或村中心。

4.1.1.5　建筑高度

1. 建筑均为单层，高度约在3～4.5米；

2. 基督教会为村落天际线的制高点。

4.1.2　院落典型特征

朝鲜族院落可分为前后院型和独院型，院落的主要构成：主要居住用房、附属用房、柴草垛、厕所、家禽舍、酱坛、菜窖和菜田等。其中菜窖和酱坛是朝鲜族中特有的构成要素。

1. 朝鲜族院落中各要素的布局具有无明显轴线、松散、随意的特点。

2. 前后院型院落以主要居住用房为界，分为前后两个院落，主要居住用房处于中心位置。前院中，附属用房多布置在主房的一侧或两侧；在住房的侧面布置柴草垛和小型储藏间；在主房的附近地面上摆放讲坛，菜窖位于菜田附近，家禽舍多位于前院的一角。后院中主要为大面积的种植用地，厕所布置在住房的侧面或后面（图4-1-6～图4-1-11）；独院型院落有开场的前院在主要居住用房后侧有一小块空地，主要居住用房多位于院落的中心偏后或西北角，主房的侧面布置储藏室和柴草垛，在主房附近的地面上摆放酱坛，厕所布置在主房的侧面或后侧（图4-1-12～图4-1-16）。

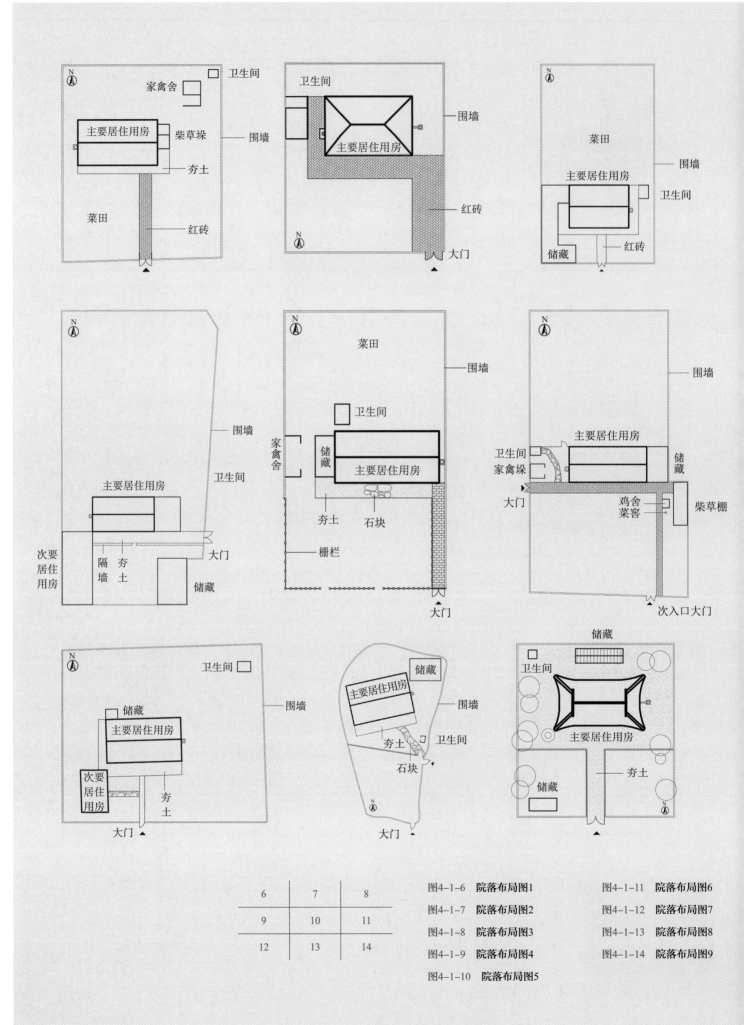

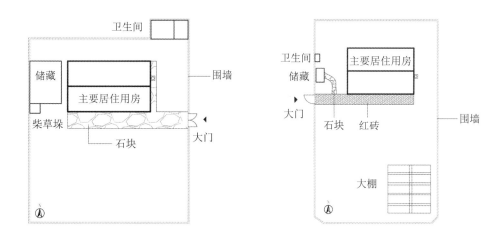

图4-1-15　**院落布局图10**
图4-1-16　**院落布局图11**

3. 院落多呈规则的矩形，四周由低矮的栅栏围合或不设围墙，院落空间具有较强的开敞性。

4. 院落的规模约在300～500平方米，前后院型围墙到主房的距离D与主房的高度H的比值约在2.2～3.3，独院型围墙到主房的距离D与主房的高度H的比值约在1.7～3。

4.1.3　主要居住建筑平面典型特征

1. 辽沈地区的朝鲜族民居普遍具有该民族的典型特征（图4-1-17～图4-1-28）。

1）男女有别，男尊女卑的伦理观念，是平面划分的基本原则，男女老幼各居其室；

图4-1-17　**平面图1**
图4-1-18　**平面图2**

2）以火炕为生活中心，火炕的面积占整幢房屋面积的2/3以上。居室间数多单间面积小的4～7平方米，大的9～10平方米。开间2～3米，进深4～5米，尺度都不大，整幢房屋的面积为40平方米左右；

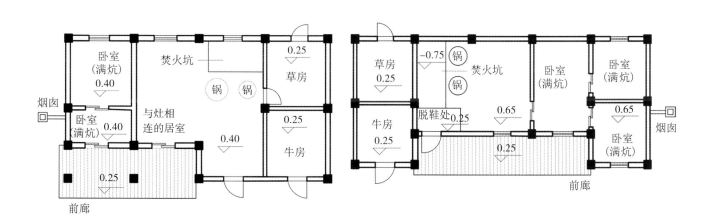

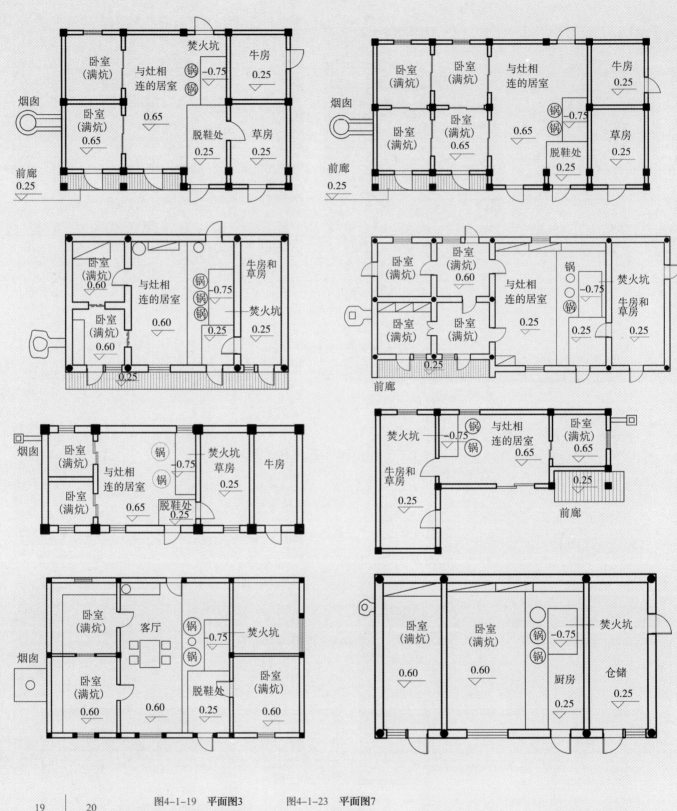

卧室（满炕）　与灶相连的居室　焚火坑　牛房
烟囱　卧室（满炕）0.65　0.65　锅锅 -0.75　0.25　脱鞋处 0.25　草房 0.25　前廊 0.25

卧室（满炕）　卧室（满炕）　与灶相连的居室　牛房 0.25
烟囱　卧室（满炕）　卧室（满炕）0.65　0.65　锅锅 -0.75　草房　脱鞋处 0.25　前廊 0.25

卧室（满炕）0.60　与灶相连的居室 0.60　锅锅锅 -0.75　牛房和草房　焚火坑 0.25
卧室（满炕）0.60　0.25　0.25

卧室（满炕）　卧室（满炕）0.60　与灶相连的居室 0.25　锅锅 -0.75　焚火坑　牛房和草房 0.25
卧室（满炕）0.60　0.25

烟囱　卧室（满炕）　与灶相连的居室　锅锅 -0.75　焚火坑草房 0.25　牛房
卧室（满炕）0.65　脱鞋处 0.25

焚火坑 -0.75　锅锅　与灶相连的居室 0.65　卧室（满炕）0.65
牛房和草房 0.25　0.25　前廊

卧室（满炕）　客厅　锅锅 -0.75　焚火坑
烟囱　卧室（满炕）0.60　0.60　脱鞋处 0.25　卧室（满炕）0.60

卧室（满炕）0.60　卧室（满炕）0.60　锅锅 -0.75　焚火坑　厨房 0.25　仓储 0.25

19	20
21	22
23	24
25	26

图4-1-19　**平面图3**　　图4-1-23　**平面图7**

图4-1-20　**平面图4**　　图4-1-24　**平面图8**

图4-1-21　**平面图5**　　图4-1-25　**平面图9**

图4-1-22　**平面图6**　　图4-1-26　**平面图10**

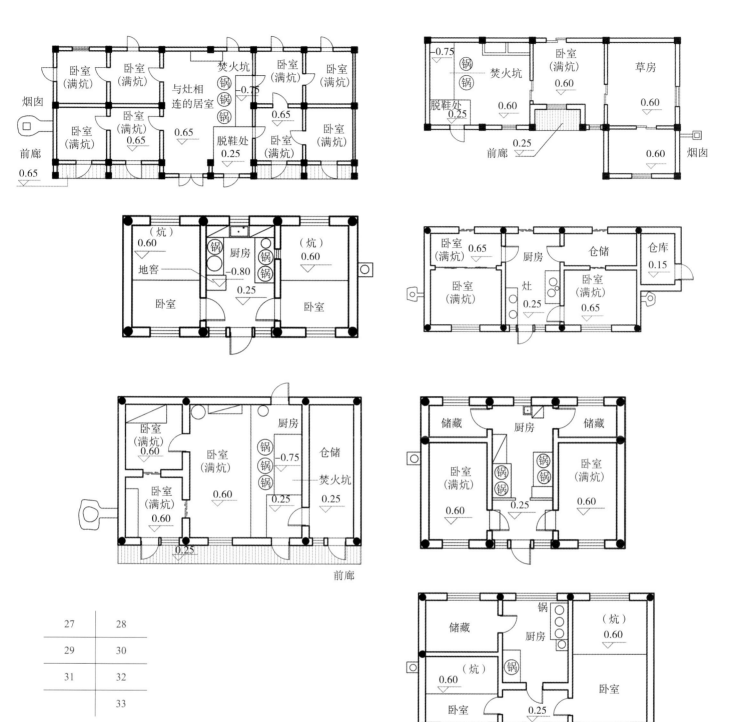

27	28
29	30
31	32
	33

3）与灶相连的房间（厨房和居室合二为一）是朝鲜族民居所独有的。每间均设单独对外的出入口。牛舍设在民居内，其面积占一间房。草房设在住宅内，其面积占一间房，同厨房相连。四周设台基，前面设廊。

2．由于长期与汉、满等其他民族混居或杂居，又具有多民族融合的特点（图4-1-29～图4-1-33）。

4.1.4　建筑外观形态的典型特征

朝鲜族建筑按外观形态可分为歇山顶、四坡顶和两坡顶。

4.1.4.1　歇山顶（图4-1-34～图4-1-38）

1. 屋顶和屋身的比值约1：1；

2. 柱子等距排列，柱间距多为2.4～2.5米；

3. 窗间墙的高宽比约为2：1；

4. 正立面上有木质竖条，将立面竖向划分为3～4段，竖条间的比值约为1：1；

5. 台基与房屋整体的比值约为1：18～1：20；

6. 门窗的材料为木材，门窗的高宽比为2：1；

7. 柱子的形状分为正方形或圆形，其尺寸大致相同，方形柱子边宽约0.2米，圆形柱子的直径约0.2～0.25米，柱子的细高比为1：8。

$\dfrac{34}{35}$

图4-1-34　歇山顶外观图

图4-1-35　歇山顶正立面图1

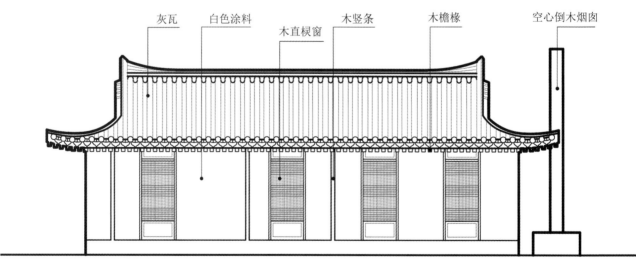

灰瓦　白色涂料　木直棂窗　木竖条　木檐椽　空心倒木烟囱

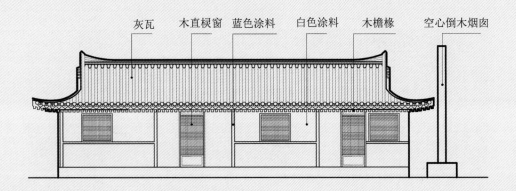

灰瓦　木直棂窗　蓝色涂料　白色涂料　木檐椽　空心倒木烟囱

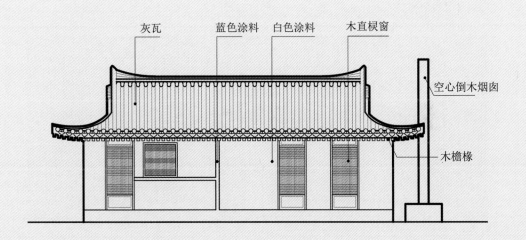

灰瓦　蓝色涂料　白色涂料　木直棂窗

空心倒木烟囱

木檐椽

36

37

38

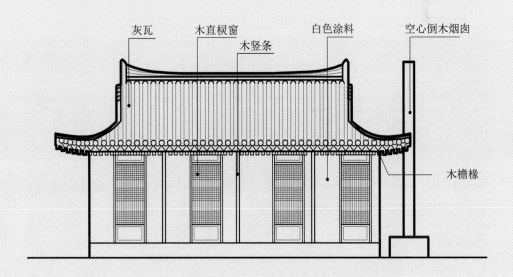

灰瓦　木直棂窗　白色涂料　空心倒木烟囱

木竖条

木檐椽

图4-1-36　歇山顶正立面图2

图4-1-37　歇山顶正立面图3

图4-1-38　歇山顶正立面图4

4.1.4.2　四坡顶（图4-1-39～图4-1-49）

立面由屋顶、屋身和台基构成，屋身包括柱子、墙面和门窗。

1. 屋顶与房屋整体的比值约为1：2；

2. 屋身与房屋整体的比值约1：2；

3. 台基占房屋整体的比值约1：18～1：20；

4. 房屋开间较长，则柱子等距排列，房屋开间较短柱子间距比值约为1：1.6～1.7：1；

5. 直棂门窗的高宽比为2：1；

6. 背立面只开一扇窗，窗宽与窗到墙的间距比值约为1：1.5～4；

7. 正立面柱距比值约1：1.6：1；

8. 山面柱距比例约为1：1。

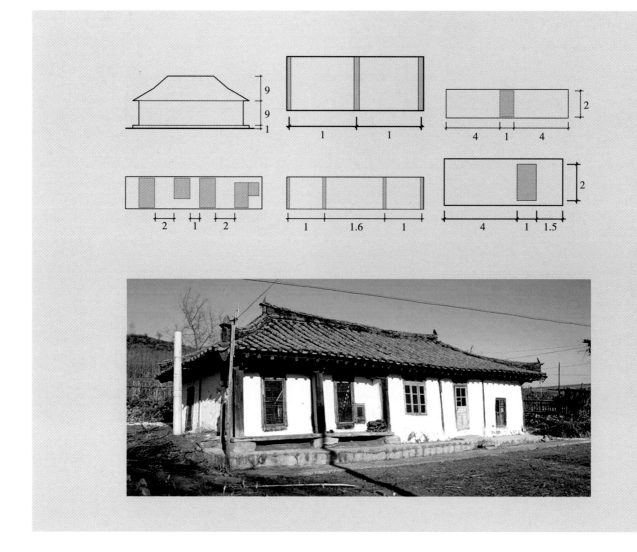

图4-1-46　**四坡顶正立面图1**

图4-1-47　**四坡顶正立面图2**

图4-1-48　**四坡顶侧立面图1**

图4-1-49　**四坡顶侧立面图2**

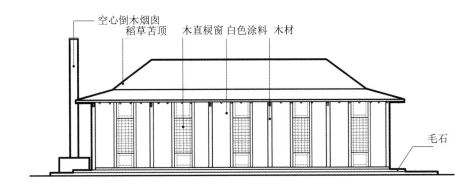

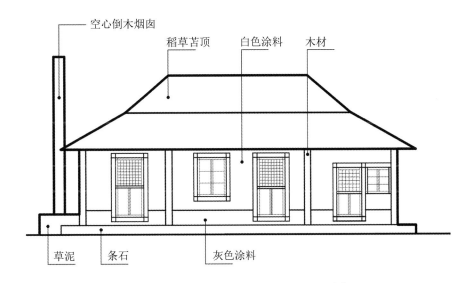

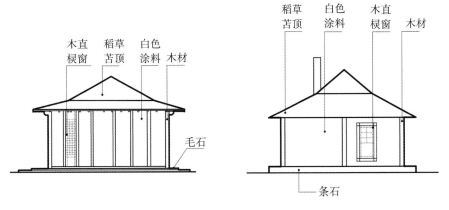

4.1.4.3　两坡顶（图4-1-50～图4-1-54）

立面由屋顶、屋身构成，屋身包括墙面和门窗。

1. 屋顶与房屋整体的比值约为1：2；

2. 正立面窗间墙的高度与宽度的比值约为1：1～1.5；

3. 正立面双扇窗的高宽比为5：3；

4. 背立面窗间墙的高度与宽度的比值约为1：2.5。

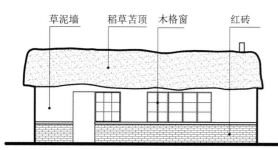

草泥墙　稻草苫顶　木格窗　红砖

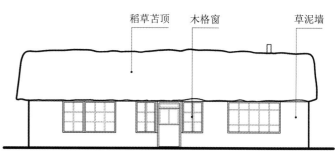

稻草苫顶　木格窗　草泥墙

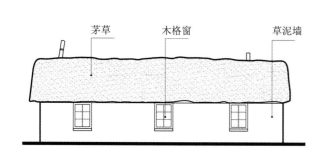

茅草　木格窗　草泥墙

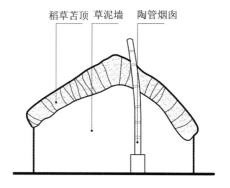

稻草苫顶　草泥墙　陶管烟囱

50	
51	52
53	54

图4-1-50　两坡顶外观图

图4-1-51　两坡顶正立面图1

图4-1-52　两坡顶正立面图2

图4-1-53　两坡顶背立面图

图4-1-54　两坡顶侧立面图

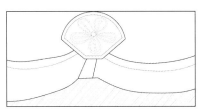

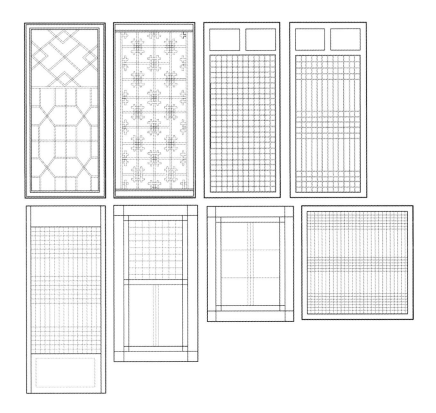

4.1.5　朝鲜族民居装饰的典型特征

4.1.5.1　装饰部位及纹样

1. 瓦件纹样有绳纹、回纹、网纹、席纹、福字和寿字等（图4-1-55～图4-1-57）。

2. 门窗纹样有网格形、"亚"字形和少量的花格窗（图4-1-58）。

4.1.6 色彩的典型特征（图4-1-59～图4-1-61）

1. 屋顶色彩：屋面瓦的色彩以冷灰色为主、稻草苫顶的色彩以稻草原色为主。

2. 墙身色彩：墙身用白灰粉刷为白色、用草泥夯土则为土黄色。

3. 门窗色彩：门窗为木材原色。

4. 局部点缀色彩：在建筑檐下常挂辣椒、瓜瓢和在地面上放有黝黑的酱坛等摆件，其颜色多为红色、蓝色、黄色、黑色等。

59	60
61	

图4-1-59 瓦顶民居外观图
图4-1-60 草顶民居外观图1
图4-1-61 草顶民居外观图2

4.1.7　构造的典型特征（图4-1-62～图4-1-69）

1. 屋架的构造做法，根据民居屋顶的形式，屋架的形状可分为歇山式、四坡式和悬山式。

2. 墙身的构造做法，朝鲜族民居墙体分为内墙和外墙，做法通常是木骨草筋泥墙和砖墙两种。

3. 柱子的构造做法，柱子通常由柱身、柱础、柱头三部分组成。柱身有圆形和方形两种，底部有柱础，通常用一个整块自然石头铺垫，一般露于外地面。

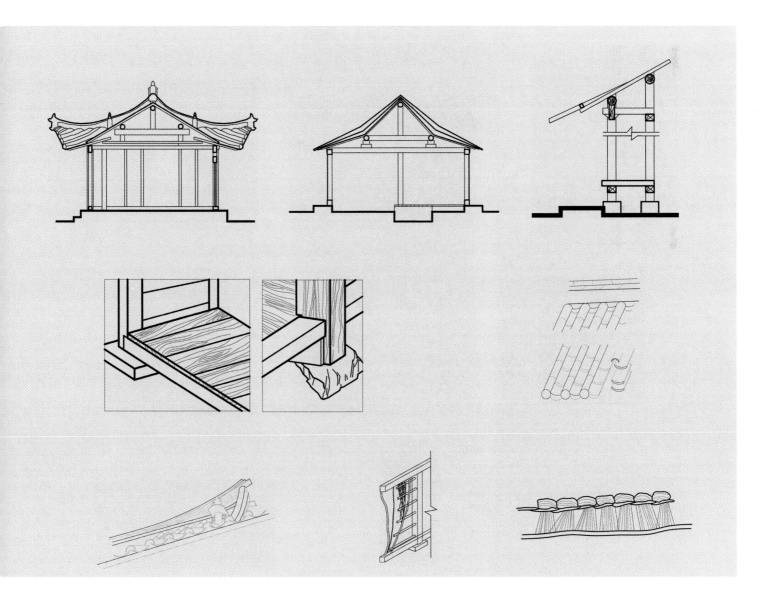

4.1.8　小结

辽沈地区朝鲜族聚居的村落，既有朝鲜民族的共性，也有该地区的特殊性，其集中形成于两个阶段，第一阶段是"流民时期（大多数来自朝鲜半岛北部）"，那时村落均根据开垦水田面积的多少自发形成，没有统一的规划，村落呈不规则形态，院落与院落之间以自由布局为主，没有统一的朝向，这时的民居院落有着明显朝鲜族半岛北部的特点。第二阶段是"开拓团时期（大多数来自朝鲜半岛南部）"，由于是被集体迁移而来形成的村落，有统一规划，院落之间排列整齐，每个院落大小基本一致。另外在这类村落中专门规划有日本人的住宅，这时期朝鲜族的院落明显具有朝鲜半岛南部的特点。

由于朝鲜族信仰基督教的人员较多，大部分村中均有基督教教堂，另外朝鲜族有敬老的传统，所以村村都有老年室外活动场所，该地区朝鲜族民居特点可以概括如下：第一，由于这个阶段形成的聚落是由于当时最穷苦的劳动人民聚居而成，因此院落和民居建筑均十分朴素，院落以单座独院式为主，早期没有围墙和栅栏；第二，民居建筑平面布局和功能具有朝鲜族民居的共性——以满铺或低火炕为中心，室内采用灵活分割的方式，起居室与厨房合二为一，同时由于长期与汉、满融合，后期出现"一明两暗"式及"口袋房"式与满铺炕结合的形式，即"高低炕"；第三，民居建筑的建造方式基本采用了朝鲜族民居的普遍做法，用材较小，且均为粗加工的材料，作为以水稻种植为主要生产方式的民族，稻草是朝鲜族民居建筑重要的建筑材料，广泛用于屋面和墙体上；第四，民居建筑的外观形式仍是典型的歇山顶、四坡顶和两坡顶，屋面厚重，房屋低矮，有醒目的空心倒木烟囱，早期民居的门窗不分，门即是窗，窗即是门，门窗的棂格形式除了典型的直棂外，还有少量融合其他民居样式的各式花格。大面积白色墙面和灰瓦屋面或稻草屋面以及所有外露木构件均采用木材的原色是朝鲜族民居的主色调，该地区早期朝鲜族仍沿用这样的建筑色彩，后期根据该民族喜好，将外门窗施以蓝色或绿色。第五，由于在辽沈境内的朝鲜族大多是质朴的农民，所以其民居建筑上的装饰构件较少，草屋面的建筑几乎没有装饰构件，瓦屋面建筑在正脊、垂脊及瓦当是仅有的装饰部位；第六，满铺式低火炕是朝鲜族民居室内空间的典型特征，也是朝鲜族民居独特的采暖方式。

4.2 体现朝鲜族特色的村落风貌建设指导

4.2.1 整体风貌建设目标

辽沈地区乡村中以朝鲜族为主体民族的村庄，其建筑和景观风貌应具有朝鲜族文化的鲜明特点。

4.2.2 村落景观风貌

4.2.2.1 保护和传承辽沈地区朝鲜族传统村落特有的自然环境

1. 最大限度地保护既有村落所依托的山水环境；

2. 对于既有村落已遭到人为破坏的山体、河道、植被等尽可能进行修补；

3. 新迁建村落的选址既要满足国家现行法律法规及上位总体规划要求，又要符合传统村落的选址特点。

4.2.2.2 保护和传承辽沈地区朝鲜族村落的格局和肌理

1. 对于既有村落的改造提升，要最大限度地保护和延续辽沈地区朝鲜族村落的布局特点和土图底关系，以重要的公共建筑和公共空间为核心，以大量的民宅院落为分布面，以村内道路为交通线；

2. 保护与延续路网特点，即地处平原井字形及背山面水叶脉状；

3. 院落与院落之间的排列方式宜保留或延续传统的行列式或组团式；

4. 对于新迁建村落，在满足国家现行法律法规及当代人使用的前提下，应体现辽沈地区传统朝鲜族村落的格局及肌理特点。

4.2.2.3 突显具有辽沈地区朝鲜族文化特色的村落景观

1. 在村域范围内搭建具有朝鲜族特色的景观构架，应将村落中全部的文化景观（包括山水环境、山水中的各类文化景观标志物、稻田及居民点中的景观点）全部纳入整体的景观结构中；

2. 重点建设具有辽沈地区朝鲜族特色的景观节点；

1）在村落的出入口应设置既能体现朝鲜族民居特点又具有村落自身产业等其特点的标志物；

2）村落中应设置2~3处活动广场，广场的位置宜选在村民方便到达，人员活动较集中的区域，如村委会、基督教堂等周边；广场中的设施除满足当代村居普遍的活动内容外，重点应设置具有朝鲜族传统民族特色的设施——秋千、跳板等；广场中各景观要素——景墙、亭、廊、铺地及植物模纹等都应体现辽沈地区朝鲜族文化特点。

3. 村落中公共设施，包括路灯、座椅、垃圾箱、公共厕所、公交站牌、导视牌、道路铺装等在造型装饰上均应体现辽沈地区朝鲜族文化特点；

4. 村落的绿化应满足宜居乡村建设标准，且应采用朝鲜族喜爱的花卉和树种（图4-2-1）。

图4-2-1　**推荐花卉和树种**

金达莱
4~5月红色花

东北山梅花
6~7月红色花

黑心菊
6~10月黄色花

金山绣线菊
8~9月浅粉色花

石竹
5~6月各色花

金丝垂柳

垂柳
下垂枝条

黑皮油松
四季常青

沙地柏
四季常青

东北连翘
4~5月连翘

小叶丁香
4~5月紫色花

铺地柏
四季常青

白桦
白皮，秋季金黄色叶

榆叶梅
4~5月粉红色花

柏树
四季常青

金叶榆
三季金黄色叶

珍珠梅
7~8月白花

黄刺玫
5~6月黄色花

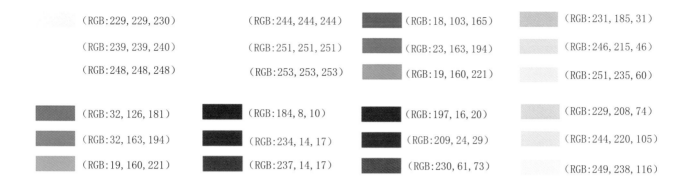

（RGB:229, 229, 230）	（RGB:244, 244, 244）
（RGB:239, 239, 240）	（RGB:251, 251, 251）
（RGB:248, 248, 248）	（RGB:253, 253, 253）

（RGB:18, 103, 165）　（RGB:231, 185, 31）
（RGB:23, 163, 194）　（RGB:246, 215, 46）
（RGB:19, 160, 221）　（RGB:251, 235, 60）

（RGB:32, 126, 181）　（RGB:184, 8, 10）　（RGB:197, 16, 20）　（RGB:229, 208, 74）
（RGB:32, 163, 194）　（RGB:234, 14, 17）　（RGB:209, 24, 29）　（RGB:244, 220, 105）
（RGB:19, 160, 221）　（RGB:237, 14, 17）　（RGB:230, 61, 73）　（RGB:249, 238, 116）

图4-2-2　**景观要素推荐色谱**

4.2.2.4　村落的总体色彩应以传统素色为主

总体色彩应以传统素色（男人色）——白色、灰色及木材原色为主色调，以对比浓烈、明度较高的鲜艳色（女人色）为点缀，广泛使用朝鲜族喜爱的色彩（图4-2-2）。

4.2.3　院落风貌

1. 对形成于新中国成立前，且具有辽沈地区朝鲜族传统院落特点及传统生产生活方式特点的院落，应进行重点保护，尽可能完整保留院落的各个要素、平面布局和空间尺度，对于后期拆除或改建部分，应根据原状进行复原。

2. 对于新中国成立后，特别是改革开放后形成的院落，在满足村民当代需求的基础上，应根据传统院落的构成要素及各要素之间的比例关系（图4-2-3、图4-2-4）进行适当改造。对于院落中除了主体建筑以外的院门、围墙、院与院之间的隔墙、院内铺地、存放粮食及杂物的仓库及堆放柴草等燃料的地方均应结合使用要求，对外观形式进行改造提升，使其体现辽沈地区朝鲜族的民族特点。

3. 对于新建的院落，在满足国家现行法律法规及村民使用要求的前提下，院落的布局形态尽可能体现传统院落的构图及比例尺度等特点。

4.2.4　建筑风貌

1. 对于建成在新中国成立前，且具有辽沈地区朝鲜族传统民居典型特点的房屋（目前这类建筑在辽沈各地的朝鲜族村中存量极少），必须进行保留并进行重点保护。对于破损部分，应根据原貌进行妥善维修。

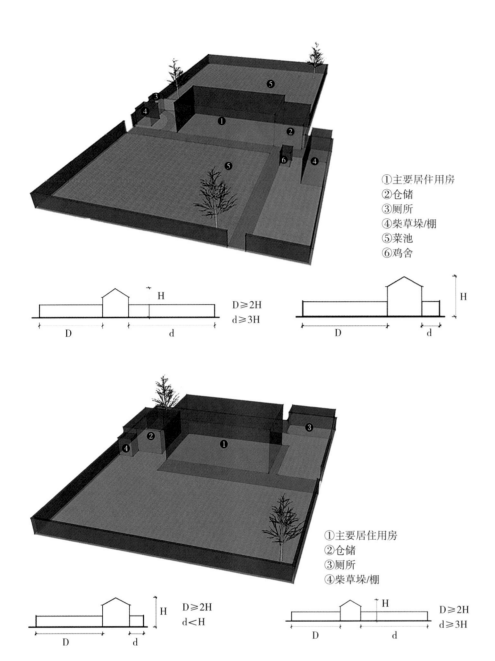

①主要居住用房
②仓储
③厕所
④柴草垛/棚
⑤菜池
⑥鸡舍

D≥2H
d≥3H

H

①主要居住用房
②仓储
③厕所
④柴草垛/棚

D≥2H
d＜H

H

D≥2H
d≥3H

H

2. 对于建成在新中国成立后，特别近二、三十年建成的房屋，结合村民的使用要求，进行不同程度的提升和改造，以体现辽沈地区朝鲜族的民居特点。

1) 对于整体质量很好、建成时间很短，且缺少朝鲜族建筑风貌特色的房屋应在充分尊重现状的基础上，适当增加朝鲜族传统建筑符号，包括檐下、门镂空花式墙面仿木结构框架、山墙绘画以及整体色调和局部色彩的处理来突显出辽沈地区朝鲜族的民族特点；

2) 对于整体结构较好，但屋面、墙体及门窗有局部破损，缺少墙体和屋面保温，整体风貌缺少朝鲜族民族特点的房屋，应在修缮和保温改造中体现辽

$\dfrac{3}{4}$

图4-2-3　院落比例关系图1

图4-2-4　院落比例关系图2

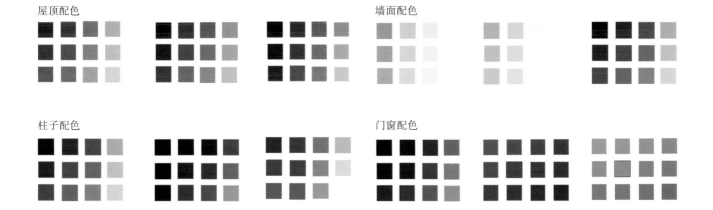

屋顶配色　　　　　　　　　　　　　　　　　　　　　　墙面配色

柱子配色　　　　　　　　　　　　　　　　　　　　　　门窗配色

图4-2-5　改建或新建建筑推荐色谱

沈地区朝鲜族的民族特点。

　　3. 对于村民拟新建的房屋，首先应满足国家现行的法律法规及当代的使用要求，其次房屋的外观形态和细部装饰应体现辽沈地区朝鲜族的民族特点。

　　4. 村中的公共建筑和居住建筑的色彩，应采用以下推荐的色谱（图4-2-5）。

<h1>4.3 设计示例——沈阳市沈北新区曙光村村庄风貌提升设计</h1>

4.3.1　风貌现状及问题

　　曙光村是朝鲜族村，2007年获得"中国人居环境范例奖"，2015年被农业部评为"2015中国最美休闲乡村之特色民居村"（图4-3-1、图4-3-2）。

　　曙光村的房屋在外观上，院门尺寸、风格各异，围墙形式单一，地面铺装多用黏土砖且不环保，院内的卫生间和柴草垛外观较差，大部分的院落缺乏绿化景观且未能充分体现出朝鲜族文化。在功能上，院落布局简单、功能单一，较多的房屋仅有老人或无人居住，部分院落缺乏晒菜场地和柴草棚。在质量上，院墙和院门多出现破损，道路场地的铺装破损冻裂或未硬化，建筑水泥台基也有不同程度的破损，院内的仓房、柴草棚等建筑或构筑物质量较差（图4-3-3、图4-3-4）。

图4-3-1　曙光村区位图

图4-3-2　曙光村现状平面布局图

图4-3-3　公共空间现状图

图例：

■ 无厢房院落
■ 单侧厢房院落
■ 双侧厢房院落
■ 有门房院落
■ 侧面入户院落

图4-3-4 建筑及绿化现状图

4.3.2 院落的改造与提升设计

4.3.2.1 院落1现状

院落东侧邻近主要道路，其风貌较差需要重点改造。院落的功能结构较为简单，道路铺装材料为黏土砖，现状质量较差，铺地材料破坏环境，建筑的散水有严重的冻裂，需要翻修，厕所位置在正房山墙的一侧，需要翻修，院落内部缺少晒菜场地且未能充分体现朝鲜族文化（图4-3-5）。

图4-3-5　院落1现状图

4.3.2.2　院落1改造提升方案

改造中保留原有菜园的位置和卫生间，将道路重新铺装。对厢房、卫生间立面重新设计，融入朝鲜族元素，如檐下增加了朝鲜族装饰构件，墙面用装饰性的竖条进行划分，使其比例具有典型朝鲜族民居的特征，铺地采用了朝鲜族的飘带纹样，院墙在栏杆上也使用了朝鲜族典型的装饰符号。在院内新建柴草垛、院墙和大门，在道路两侧建桔梗花池（图4-3-6~图4-3-8）。

4.3.2.3　院落2改造提升方案（图4-3-9~图4-3-12）

4.3.2.4　院落3改造提升方案（图4-3-13~图4-3-16）

4.3.2.5　院落4改造提升方案（图4-3-17~图4-3-20）

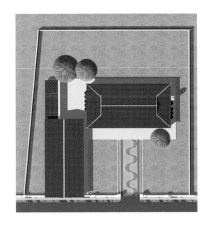

6
7
8

图4-3-6 院落改造后效果图1

图4-3-7 院落改造后效果图2

图4-3-8 院落1改造后平面图

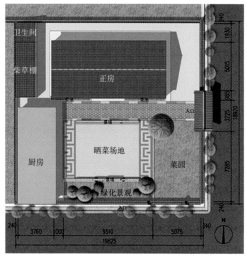

9
———
10
———
11

图4-3-9　院落2现状图

图4-3-10　院落2改造后效果图1

图4-3-11　院落2改造后平面图

图4-3-12　院落2改造后效果图2

图4-3-13　院落3现状图

图4-3-14　院落3改造后效果图1

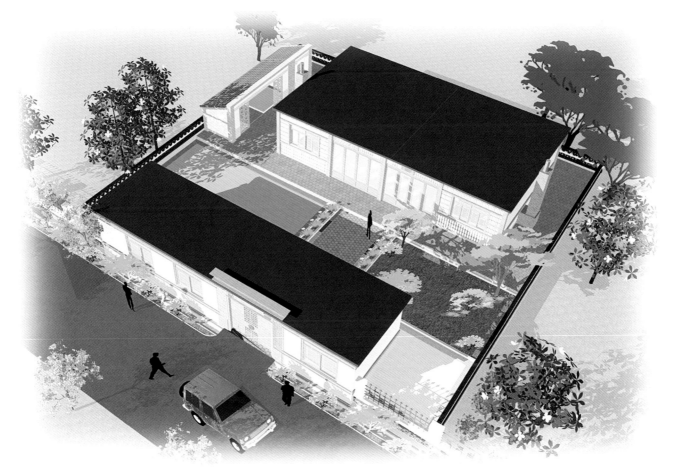

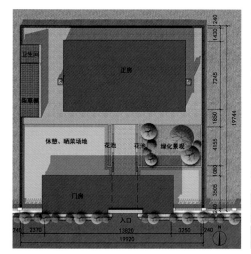

图4-3-15　院落3改造后平面图

图4-3-16　院落3改造后局部效果图

图4-3-17　院落4现状图

图4-3-18　院落4改造后效果图

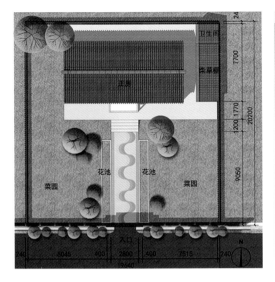

图4-3-19　院落4改造后平面图

图4-3-20　院落4改造后局部效果图

图4-3-21　建筑1现状图

4.3.3　建筑的改造与提升设计

4.3.3.1　建筑1现状

整体建筑质量较好，但由于侧面与背面未贴瓷砖，造成局部有损坏，尤其墙基处泛水情况严重。屋顶形式为典型朝鲜族民居形式，但屋面局部有破损，需要重新铺瓦修整。铝合金窗户质量较好，但房门需要更换，建筑上缺少朝鲜族传统建筑典型符号（图4-3-21）。

4.3.3.2　建筑1改造提升方案

本方案在充分尊重现状的基础上，适当增加朝鲜族传统建筑符号，包括檐下、门镂空花式、墙面仿木结构框架、山墙绘画以及整体色调和局部色彩的处理；在保持建筑样式现代化的前提下，依然让人品味到传统朝鲜族建筑的特色。朝鲜族传统民居皆是瓦屋面，因此檐口部分层次丰富，故取之作为符号加以应用（图4-3-22～图4-3-25）。

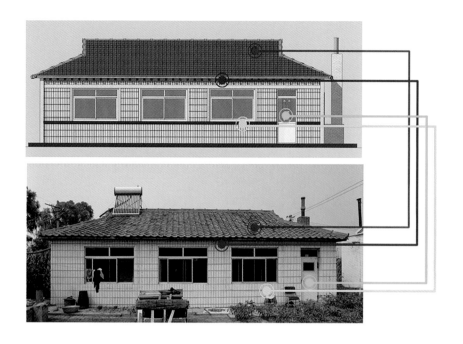

深灰色粉屋面

GRC 檐下挂件

内嵌朝鲜纹样塑钢

蓝色/白色GRC 挂件

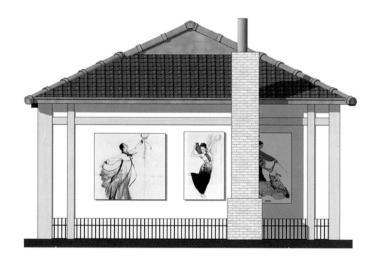

22	
23	24
25	

图4-3-22　**建筑1改造过程图**

图4-3-23　**建筑1改造后效果图**

图4-3-24　**推荐使用材质图**

图4-3-25　**建筑1改造后侧立面图**

4.3.3.3 建筑2改造提升方案（图4-3-26～图4-3-31）

对原房屋的屋顶墙面和门窗进行了改造，对灰瓦屋面进行了修缮，将红砖的墙面粉饰为白色墙面，对院内的铺地、院门进行了重点改造。

4.3.3.4 建筑3改造提升方案（图4-3-32～图4-3-38）

4.3.3.5 建筑4改造提升方案（图4-3-39～图4-3-43）

朝鲜民族"尚白"的传统流传至今，包括服饰和建筑，而建筑多以白墙灰瓦的组合方式呈现；朝鲜族又是一个喜欢鲜艳颜色的民族，在挥舞的彩带中提取出红黄蓝三色，用建筑的色彩观加以重现。朝鲜族传统民居建筑山墙面多用彩色绘画加以装饰，题材取自朝鲜人们农耕、游戏和舞蹈，充分表现出其能歌善舞、开朗大方的民族特点。

图4-3-26 建筑2现状图

图4-3-27 建筑2改造过程图

深灰色粉饰
屋面

 内嵌朝鲜族
纹样塑钢门

 蓝色/白色
GRC 挂件

 白色粉饰
墙面

28	29
	30
	31

图4-3-28　**推荐使用材质图**

图4-3-29　**建筑2改造后效果图1**

图4-3-30　**建筑2改造后效果图2**

图4-3-31　**建筑2改造后效果图3**

32	图4-3-32　建筑3现状图
33	图4-3-33　建筑3改造过程图
34	图4-3-34　推荐使用材质图

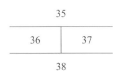

图4-3-35　建筑3改造后效果图1

图4-3-36　建筑3改造后效果图2

图4-3-37　建筑3改造后侧立面图

图4-3-38　建筑3改造后效果图3

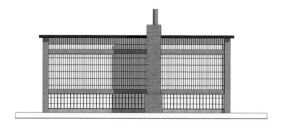

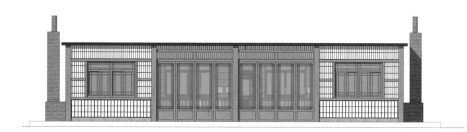

图4-3-39　建筑4现状图

图4-3-40　建筑4改造后效果图1

图4-3-41　建筑4改造后背立面图

图4-3-42　建筑4改造后效果图2

图4-3-43　建筑4改造后正立面图

4.3.4 附属设施的改造与提升设计

4.3.4.1 院门

1. 院门现状

大部分铁艺院门老化严重，出现腐蚀，院门镂空样式混杂，形式粗糙，门扇与门柱及周围的院墙结合生硬，不仅现代感不足且又无传统风貌（图4-3-44）。

2. 院门改造与提升设计

院门满足了防护、开启、实用和美观等需求，通过提取朝鲜族传统的装饰纹样并结合铁艺的工艺特点，在门扇适当的位置运用纹样进行装饰（图4-3-45）。

院门为屋宇式的大门，院门的屋顶传承了朝鲜族的传统民居屋面的做法，门扇也传承了传统民居中常用的木材，并在适当的位置运用典型的朝鲜族纹样进行装饰（图4-3-46）。

4.3.4.2 院墙

1. 院墙现状

院墙形式单一，与主要道路两侧院墙风貌不协调，同时使用的材料不环保，未能充分体现出朝鲜族的文化（图4-3-47）。

2. 院墙改造与提升设计

院墙以简洁实用、节省造价为设计原则，院墙根据需求分别设计了由青砖构成的实体院墙（图4-3-48）和铁艺的透视院墙（图4-3-49），从传统的朝鲜族民居中提取了构件和材料等元素，如在透视墙的栅栏上面使用了朝鲜族的装饰纹样，在实体院墙的顶部继承了朝鲜族民居的筒板瓦构件，并延续了朝鲜族院墙墙身低矮的特点。

4.3.4.3 铺地

1. 铺地现状

现状院落中使用广泛的铺装为水泥铺装和红色黏土砖铺装，条件较好的院落有水泥砖及混凝土砖铺装，不仅材料不环保并且地面的铺装破损较为严重，形式单一，风貌不佳，未能充分体现出朝鲜族的文化（图4-3-50）。

2. 铺地改造与提升设计

场地铺装方案设计有三种：水泥铺装主要用于建筑散水及台基，需对现状破损的水泥台基进行修整；彩色混凝土砖用于场地铺装，透水性强。彩色混凝土砖用正方形砖，铺装样式均提取了朝鲜族传统纹样。朝鲜族色彩鲜艳明快，所以铺砖颜色是从朝鲜族女性服饰中提取的色彩（图4-3-51）。

4.3.4.4 卫生间

1. 卫生间现状

卫生间为旱厕，通风及采光不良，卫生环境较差，建造得比较粗糙简陋，甚至部分有

44

45 | 46

47

48

49

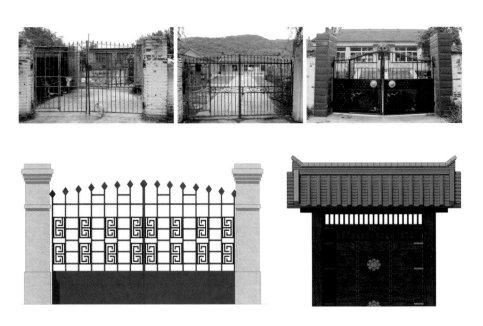

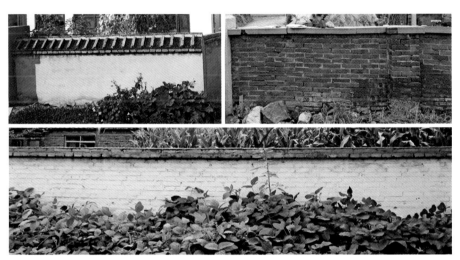

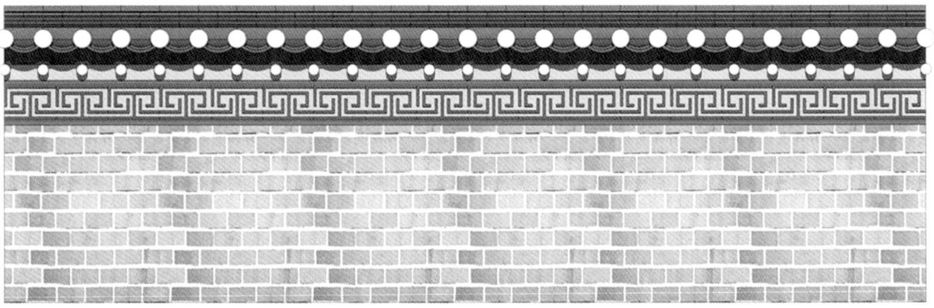

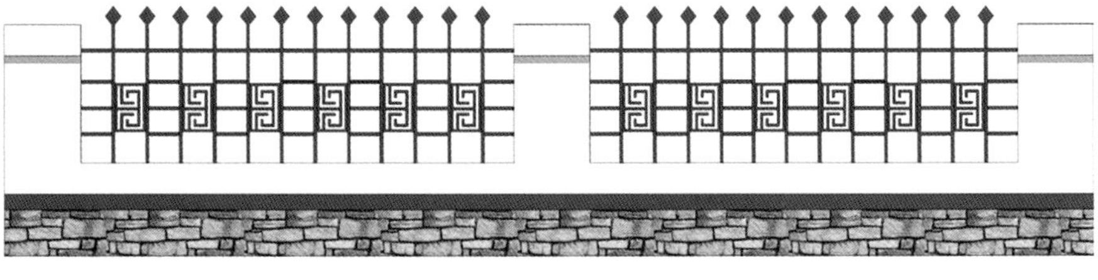

图4-3-44　**院门现状图**

图4-3-45　**院门改造后立面图1**

图4-3-46　**院门改造后立面图2**

图4-3-47　**院墙现状图**

图4-3-48　**院墙改造后立面图1**

图4-3-49　**院墙改造后立面图2**

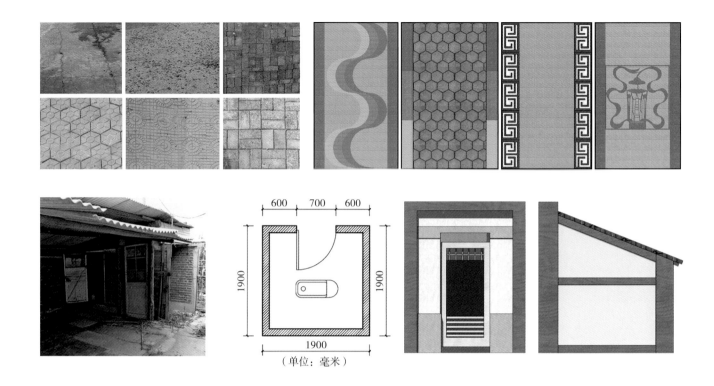

（单位：毫米）

所破损，常常用简易的材料搭建，如木棍、石棉瓦和红砖等。在外观上，卫生间造型简陋，缺乏美感并且未能充分体现出朝鲜族的文化特色。在使用上，空间狭小局促，不利于使用，并有异味（图4-3-52）。

2. 卫生间改造与提升设计

卫生间在立面上采用朝鲜族"尚白"传统进行色调设计，辅以仿木色线性要素设计，使其立面效果层次丰富，同时依据朝鲜族传统服饰颜色的提取，以红黄蓝绿等多颜色点缀于门板上，使其传统中不乏现代时尚感。考虑到卫生间通风与视线遮挡关系，采取门的虚实处理，使其更加合理（图4-3-53）。

4.3.4.5 柴草棚

1. 柴草棚现状

部分影响了院落功能分区及流线组织，柴草堆放形式不一，多为无构筑物的柴草堆放处及简易钢结构棚。其堆放处比较杂乱，严重影响院落风貌（图4-3-54）。

2. 柴草棚改造与提升设计

从传统朝鲜族院墙中提取元素融入柴草棚的设计中，充分体现朝鲜族文化，柴草棚材料选用与朝鲜族建筑统一的青瓦屋顶及白色粉饰屋面，加之木构件装饰，使风格与院落建筑相协调（图4-3-55）。

图4-3-54 **柴草棚现状图**

图4-3-55 **柴草棚改造后效果图**

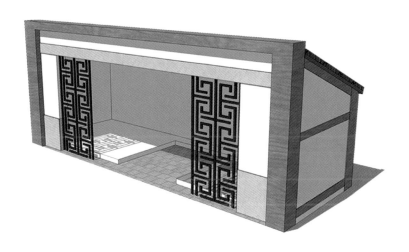

4.3.5 景观的改造与提升设计

4.3.5.1 景观分析

1. 以水系为景观轴线，串联各个景观节点，包括文化广场、休闲广场、街头绿地等。

2. 提取朝鲜族特色文化，融入景观设计中，形成民族特色村落。

3. 以农户建筑风格为改造依据，设计符合民居风格的大门与院墙，使其相互协调统一，修缮翻新破损较为严重的围墙。

4. 在村路旁种植乡土花卉，让人在走路之余又有景色可赏，同时给村庄增添生气与活力（图4-3-56）。

4.3.5.2 广场

1. 广场现状

广场的场地尺度较大，内容不够丰富且缺少民族特色，场地中缺乏主题及功能性，利用率低。场地中舞台较小且背景墙样式粗糙（图4-3-57）。

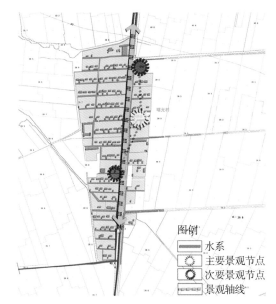

图例

▭ 水系
✹ 主要景观节点
✹ 次要景观节点
┉ 景观轴线

图4-3-56 **景观框架图**

2. 广场的改造与提升设计

桔梗花是朝鲜族人民极其喜爱的花卉，且现状调研时我们观察到桔梗花被曙光村的村民大量栽植在房前屋后的庭院内及路边。因此，以桔梗花作为广场的主题。朝鲜族人民能歌善舞，喜爱跳板和荡秋千等活动。因此，广场中设计了开阔的舞台，并留出了较大的活动空间，摆放了跳板和秋千，以满足村民的活动需求，并采用场地内现有的砖石，结合碎石等材质将广场铺砌成桔梗花的图案，广场内以朝鲜族图腾样式（象帽和腰鼓）为原型，设计两个景观墙，使广场景观更为丰富。场地总造价包括场地铺装、景墙、座椅、小品、广场灯等，约为37万元（图4-3-58～图4-3-60）。

4.3.5.3 大门

1. 大门现状

在曙光村的主要出入口处缺少明显的标识，也无入口的大门，应在适当的位置新建一处具有朝鲜族特色的大门。

2. 入口大门设计

村口大门设计来源于朝鲜族古代建筑形式，传承了灰色瓦片、白色墙面的典型元素大门的两侧设有便于行人们通过的小门，达到人车分流的目的。其整体颜色来源于朝鲜族男人服饰的颜色，即黑白灰（图4-3-61、图4-3-62）。

57	58
59	60

图4-3-57 广场现状图
图4-3-58 广场改造后效果图1
图4-3-59 广场改造后效果图2
图4-3-60 广场改造后效果图3

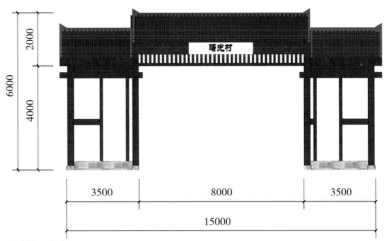

（单位：毫米）

$\dfrac{61}{62}$

图4-3-61　大门改造后立面图
图4-3-62　大门改造后效果图

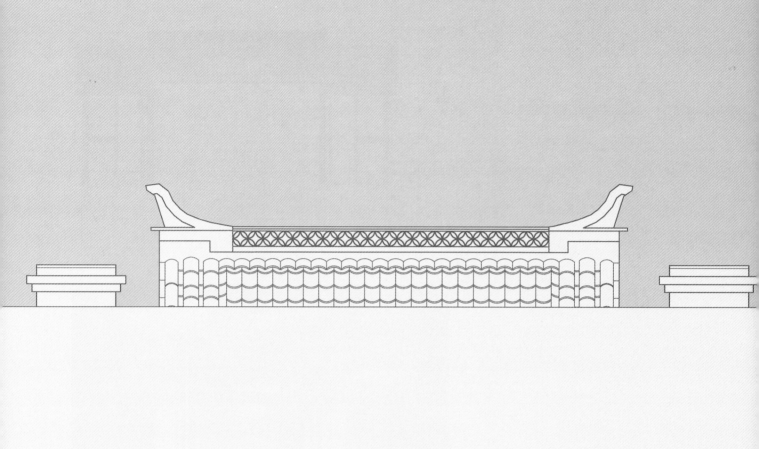

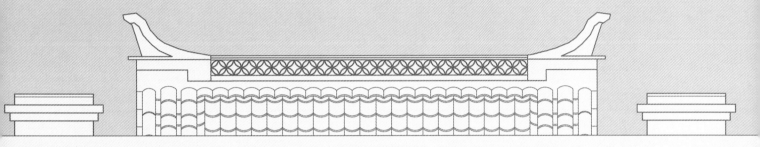

第 5 章

辽沈地区特色锡伯族村落风貌建设引导

05

5.1 传统锡伯族村落及民居特征性语汇符号提取

5.1.1 村落典型特征

5.1.1.1 选址

位于水草丰茂之地，多临河而居；位于河流冲积平原、地形平坦之处；临近主要交通线（图5-1-1）。

5.1.1.2 总体布局

1. 辽沈地区锡伯族传统村落类型主要为聚集型联排式布局；

2. 主干路在村落一侧与次干路相连，向居住区延伸出网格或树状的支路网；

3. 主干路宽度约12米，次干路宽度约5~7米，支路宽度约2~4米；

4. 院落与院落组合形式表现为联排式、组团式；

5. 公路两侧建筑形成较为整齐的街巷式；

6. 公共服务用地包括村委会、活动广场等，位于村落的一侧或中心

（图5-1-2~图5-1-5）。

图5-1-1　村落选址图

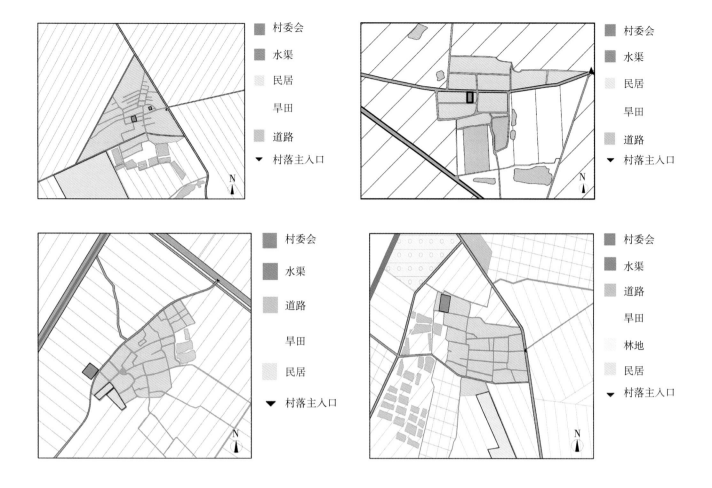

5.1.2 院落典型特征

辽沈地区锡伯族传统院落类型为独院（图5-1-6～图5-1-16）、四合院（图5-1-17）、三合院（图5-1-18），独院是沈阳地区锡伯族民居最常见、最大量的一种类型。

5.1.2.1 院落组成

1. 组成要素包括前院、后院、主要居住用房（正房）、两间次要居住用房（厢房）、院门院墙、仓房、家禽牲口圈等。

2. 院落四周有围墙，围墙用土夯筑、砖砌筑、柳条、秸秆等编制而成。院门多开设在院落的南端中部或东南端，常设有单间屋宇式大门或乌头门。

3. 东西两厢分列正房两山之外的前方，对正房不会形成遮挡。东厢房用于居住、贮存粮食、放置农具等，西厢房一般为磨坊和牲口房。

4. 仓房、家禽牲口圈、柴堆房多位于正房前面东西两侧，厕所位于正房的东北、西北角。

图5-1-2 村落布局示意图1

图5-1-3 村落布局示意图2

图5-1-4 村落布局示意图3

图5-1-5 村落布局示意图4

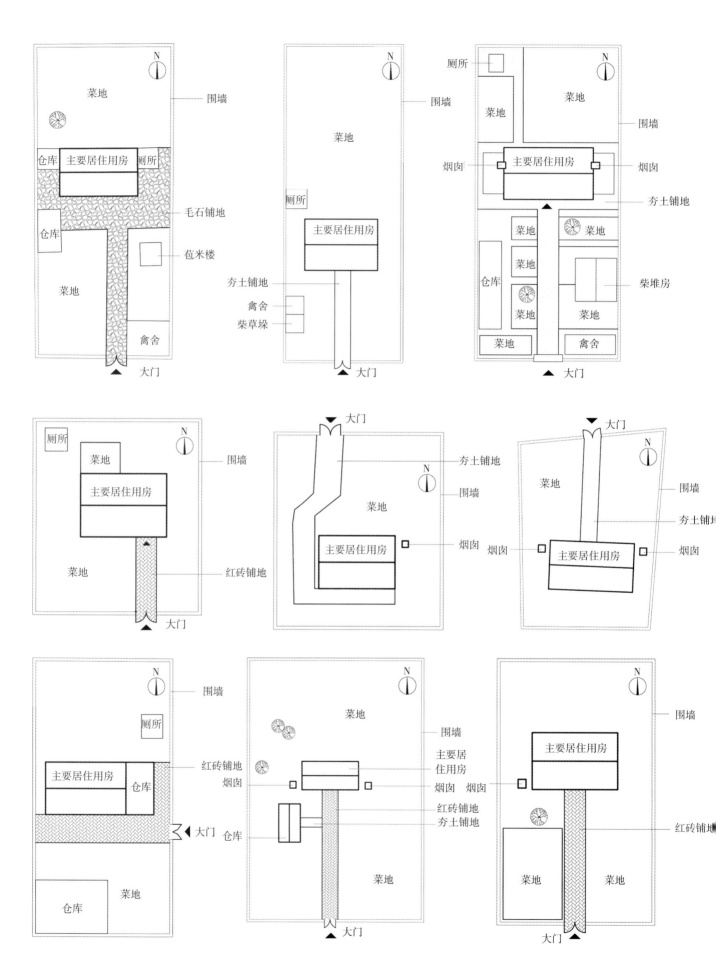

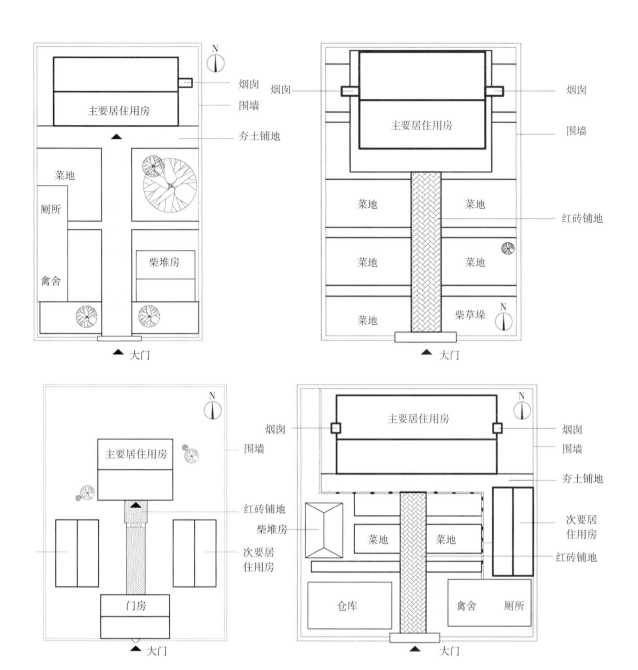

烟囱
围墙
夯土铺地
主要居住用房
菜地
厕所
禽舍
柴堆房
大门

烟囱
烟囱
围墙
主要居住用房
菜地
菜地
红砖铺地
菜地
菜地
菜地
柴草垛
N
大门

主要居住用房
围墙
红砖铺地
门房
次要居住用房
大门

烟囱
主要居住用房
烟囱
围墙
夯土铺地
柴堆房
菜地
菜地
次要居住用房
红砖铺地
仓库
禽舍
厕所
大门

6	7	8
9	10	11
12	13	14

| 15 | 16 |
| 17 | 18 |

5.1.2.2　院落尺度

1. 独院正房开间多二至四间，总长度约7～12米，进深约6～7.2米。三、四合院正房开间多三至五间，总长度约9～15米，进深约6～7.5米。厢房开间多两间，总长度约6～9米，进深约3米。

2. 独院院落长度南北：东西约为1.2～2.5∶1，三合院院落长度南北：东西约为1.2∶1，四合院院落长度南北：东西约为1.3∶1。以正房分成前后两院，或正房位于院落最北，仅有前院。

3. 独院院落内主路宽度约1.5～2米，其余宽度约0.7～1米。院门高度约1.8米，宽度约3米。院墙高度一般为1.5～1.8米。三、四合院院落内主路宽度约2.5米，其余宽度约0.7米。院门高度约1.8米，宽度约3米。院墙高度一般为1.5～1.8米。

5.1.3　主要居住建筑平面典型特征

辽沈地区锡伯族传统平面类型主要有"口袋房"式和"一明两暗"式。

5.1.3.1　"口袋房"式（图5-1-19～图5-1-21）

1. 平面呈矩形，一般为二至四开间。包括厨房和卧室，每间面阔2～4.2米左右，进深约3.6～6米。

2. 厨房一个角上设1～3个锅台，锅台长宽大致相同，约为0.75～0.8米。

3. 卧室保留有"万字炕"、"南北炕"、"一字炕"等火炕形式，其中南北炕宽约1.7米左右，高度约为0.6～0.7米，西炕约0.5～0.6米左右宽。

4. 烟囱多为独立设置，距离山墙0.5米左右。偶有设置在山墙内或紧贴其外侧。

5.1.3.2　"一明两暗"式（图5-1-22～图5-1-25）

1. 平面呈矩形，一般为三开间，包括厨房和卧室，每间面阔3.2米左右，

| 19 | 20 | 21 |

图5-1-19　平面图1

图5-1-20　平面图2

图5-1-21　平面图3

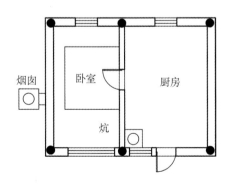
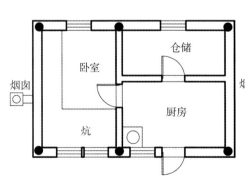
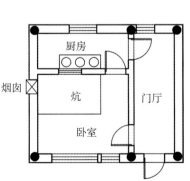

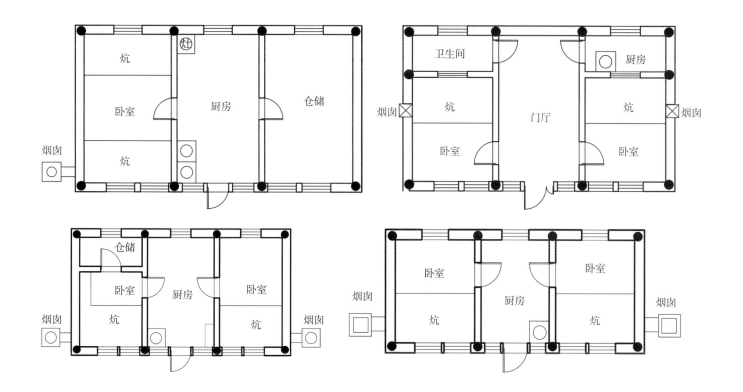

22	23
24	25

图5-1-22 **平面图4**

图5-1-23 **平面图5**

图5-1-24 **平面图6**

图5-1-25 **平面图7**

进深长度约为4.5~7.2米。

2. 厨房一至两个角上设1~2个锅台，锅台长宽大致相同，约为0.7~0.8米。

3. 卧室保留有"南北炕"、"一字炕"等火炕形式，其中南北炕宽约1.7米左右，高度约为0.6~0.7米。

4. 烟囱多独立设置，距离山墙0.5米左右。偶有设置在山墙内。

5.1.4 锡伯族民居外观形态的典型特征

5.1.4.1 外观形式

辽沈地区锡伯族传统民居外观形式主要有双坡硬山草顶和双坡硬山瓦顶两种（图5-1-26~图5-1-28）。

5.1.4.2 立面构成

1. **正立面**（图5-1-29~图5-1-34）

1）瓦屋面包括屋顶和屋身两部分，大多数锡伯族传统民居没有台基。

2）屋顶主要由正脊、鳌尖、屋面、屋檐构成，屋顶/屋身约为0.764。

3）屋身主要由檐下、窗间墙、窗下槛墙、墀头、门、窗户几部分构成，高度比：窗上横梁/窗高/窗下槛墙约为1：10：5，宽度比：墀头宽度/窗间墙窗宽约为1：3：7。

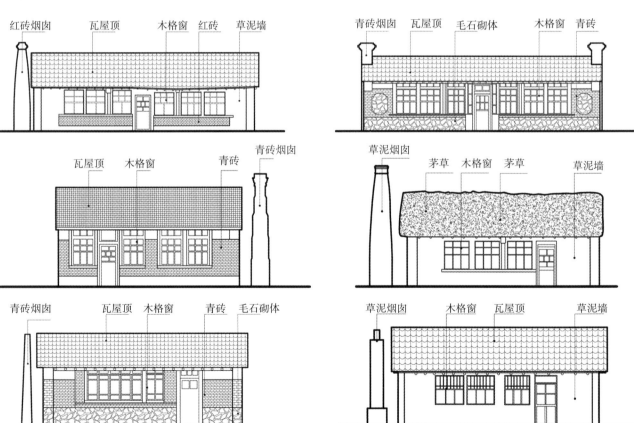

2. 背立面（图5-1-35～图5-1-38）

墙面为砖砌或草泥夯筑而成，墙面面积占后檐墙的80%左右。墙面各部位宽度比：墀头宽度/窗间墙/窗宽约为1：9：4。

3. 侧立面（图5-1-39～图5-1-41）

主要包括单一材料、五花山墙、多种材料组合几种样式。

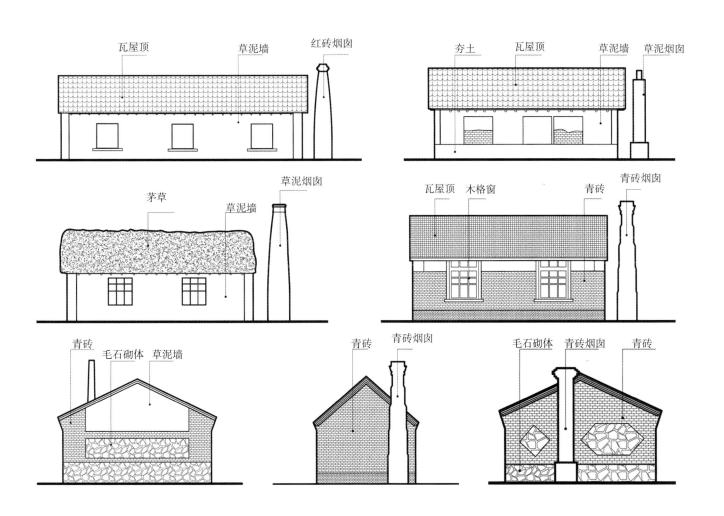

图5-1-26　**双坡顶典型外观图1**

图5-1-27　**双坡顶典型外观图2**

图5-1-28　**双坡顶典型外观图3**

图5-1-29　**正立面图1**

图5-1-30　**正立面图2**

图5-1-31　**正立面图3**

图5-1-32　**正立面图4**

图5-1-33　**正立面图5**

图5-1-34　**正立面图6**

图5-1-35　**背立面图1**

图5-1-36　**背立面图2**

图5-1-37　**背立面图3**

图5-1-38　**背立面图4**

图5-1-39　**侧立面图1**

图5-1-40　**侧立面图2**

图5-1-41　**侧立面图3**

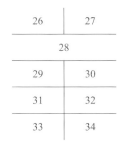

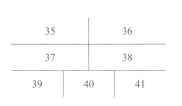

5.1.4.3 烟囱

辽沈地区锡伯族民居中的烟囱按与外墙的关系主要分为三种：独立式烟囱、附墙式烟囱和爬屋顶式烟囱（图5-1-42）。

1. 独立式烟囱

独立设置于建筑之外，一般在山墙外0.5~1米，高出屋面约0.4~0.8米，截面是方形，从下而上收分，收分角度约3°，或截面为圆形，从下而上收分，收分角度约为3°，或为变截式烟囱，从下而上截面递减。

2. 附墙式烟囱

紧贴山墙外侧，高出屋面约0.6米，截面是方形，尺寸为0.5米×0.5米。或截面是圆形，直径为0.3米左右。

3. 爬屋顶式烟囱

位于屋面之上，高出屋面约1米，截面为方形。

图5-1-42 **烟囱样式图**

5.1.5 锡伯族民居装饰的典型特征

5.1.5.1 重点装饰部位及装饰纹样

重点装饰部位有正脊、滴水、门窗、山墙等处。

1. **正脊**（图5-1-43~图5-1-45）

1）正脊中间段可用瓦片或花砖装饰，叫花瓦脊，又叫"玲珑脊"，比较讲究，拼出的图案有银锭、鱼鳞、锁链和轱辘钱等几种。

2）屋脊两端可有鳌尖。

3）滴水瓦的图案有蝴蝶、牡丹两种（图5-1-46）。

2. **门窗**

1）门窗棂格、绦环板的装饰纹样有盘肠、万字、方胜等（图5-1-47）。

2）常见的门把手有两种样式（图5-1-48）。

3）位于窗户背面起稳固作用的构件（图5-1-49）。

5.1.6 锡伯族民居色彩的典型特征

一般屋面颜色多为瓦、草的原色，墙体颜色为草泥、青砖、毛石原色（图5-1-50~图5-1-53）。门窗木构件传统色彩有绿色、木质原色、朱色、赭石色，后期建造的房屋多加以蓝色。

43	44
45	46

图5-1-43　**正脊样式图1**

图5-1-44　**正脊样式图2**

图5-1-45　**正脊样式图3**

图5-1-46　**滴水瓦样式图**

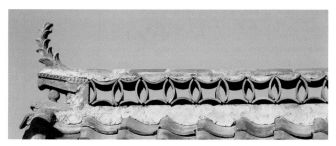

图5-1-47　门窗样式图①、②

图5-1-48　门把手样式图①、②

图5-1-49　构件样式图①~③

图5-1-50　草顶泥墙外观图

图5-1-51　瓦顶砖墙外观图1

图5-1-52　瓦顶砖墙外观图2

图5-1-53　草顶砖墙外观图

| 50 | 51 |
| 52 | 53 |

5.1.7　锡伯族民居构造的典型特征

5.1.7.1　梁架

抬梁式，台基上置柱础，柱础上立圆柱，柱上架梁（柁），梁上支短柱，短柱上置檩，檩上再架梁，如此层叠而上（图5-1-54）。

5.1.7.2　檐部

辽沈地区常见的檐部做法多为露檐式，檐口处椽子外露，也可以看到梁头。檐椽出挑0.3～0.5米，椽子直径约0.1米，椽间距约0.3米（图5-1-55）。

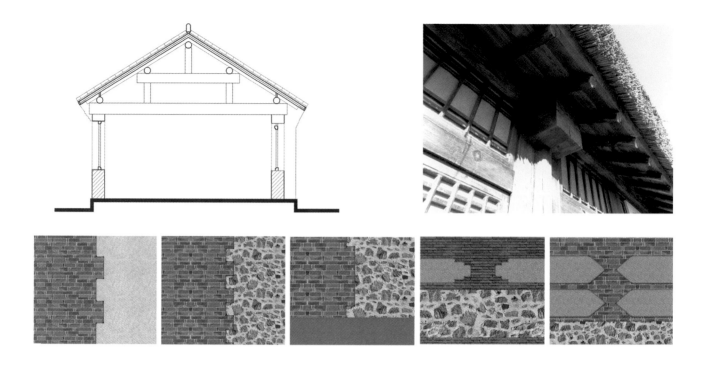

5.1.7.3 墙体

墙体多为几种材料组合，组合方式有两种：砖石混砌、砖土混砌（图5-1-56）。

5.1.8 小结

沈阳是我国当今两大锡伯族聚居地之一，今天聚居在沈阳的锡伯族村落中的人同时大部分是清朝被编入满八旗中的锡伯族官兵的后裔，同时锡伯族又是游牧民族，这两个因素决定了传统锡伯族村落和民居具有如下典型特征：第一，进入辽沈地区之后，其村落往往选址在水草丰茂、地势平坦、靠近河流的湿地。第二，村落没有统一规划，呈不规则形态，院落之间以联排式布局为主。第三，院落形式以单座独院为主，另有部分三合院和四合院；院落的构成要素以及尺度与处在平原的满族院落类似（只是没有索伦杆）。第四，早期大多数民居的平面为双数开间，其中尤以四间居多，一般在最东侧的一间开门，平面呈典型的"口袋房"，后期，由于与汉族的不断融合，"一明两暗"式及其衍生出"一明四暗"式的平面布局开始大量出现。第五，民居建筑的外观、形态、尺度整体上与满族民居十分相似，但锡伯族民居并不建在高台之上，而且在色彩和装饰细部上有明显的锡伯族特点，比如多露的木构件中常施以绿色（绿色或蓝绿色是锡伯族人喜爱的颜色）。瓦屋面及木构件装饰常常以花草为题材。第六，锡伯族民居建筑的结构体系、构造做法和建造方式，更多地表现出来的是该地区的共性。

54	55
56	

图5-1-54　抬梁式屋架图

图5-1-55　檐下构造做法图

图5-1-56　同材料墙体的组合关系图

5.2 体现锡伯族特色的村落风貌建设引导

5.2.1 整体风貌建设目标

沈阳市乡村中以锡伯族为主体民族的村庄，其建筑和景观风貌应具有锡伯族民族的鲜明特点。

5.2.2 村落景观风貌

5.2.2.1 保护和传承辽沈地区锡伯族传统村落特有的自然环境

1. 最大限度地保护既有村落所依托的山水环境；

2. 对于既有村落已遭到人为破坏的山体、河道、植被等尽可能进行修补；

3. 新迁建村落的选址既要满足国家现行法律法规及上位总体规划要求，又要符合传统村落的选址特点。

5.2.2.2 保护和传承辽沈地区锡伯族村落的格局和肌理

1. 对于既有村落的改造提升，要最大限度地保护和延续辽沈地区锡伯族村落的布局特点和图底关系，以重要的公共建筑和公共空间为核心，以大量的民宅院落为分布面，以村内道路为交通线；

2. 保护与延续路网特点，包括地处冲洪积扇平原中锡伯族村落的不规则叶脉状布局或地处河流冲积平原中传统锡伯族村落的井字格布局；

3. 院落与院落之间的排列方式宜保留或延续传统的并排式或组团式。

5.2.2.3 突显具有辽沈地区锡伯族文化特色的村落景观

1. 在村域范围内搭建具有锡伯族特色的景观构架，将村落中全部的文化景观（包括山水环境、山水中的各类文化景观标志物、农田及居民点中的景观点）全部纳入整体的景观结构中。

2. 重点建设具有辽沈地区锡伯族特色的景观节点。

1）在村落的出入口应设置既能体现锡伯族民居特点又具有村落自身产业等其特点的标志物；

2）村落中应设置2～3处活动广场，广场的位置宜选在村民方便到达、人员活动较集中的区域，如村委会周边；广场中的设施除满足当代村居普遍的活动内容外，重点应设置具有锡伯族传统民族特色的设施；广场中各景观要素——景墙、亭、廊以及铺地和植物模纹等都应体现辽沈地区锡伯族文化特点；

3. 村落中公共设施，包括路灯、座椅、垃圾箱、公共厕所、公交站牌、导视牌、道路铺装等在造型装饰上均应体现辽沈地区锡伯族文化特点。

4. 村落的绿化应满足宜居乡村建设标准，且应采用锡伯族喜爱的花卉和树种（图5-2-1）。

榆树 落叶乔木类	金叶榆 三季金黄色叶	紫叶稠李 三季紫色叶	杨树 落叶乔木类
白桦 秋季金黄色	东北山梅花 6~7月红色花	榆叶梅 4~5月粉红色花	金山绣线菊 8~9月浅粉色花
石竹 5~6月各色花	金丝垂柳 四季金黄色枝条	垂柳 下垂枝条	黑皮油松 四季常青
沙地柏 四季常青	东北连翘 4~5月黄色花	小叶丁香 4~5月紫色花	铺地柏 四季常青

图5-2-1 推荐的花卉和树种

5.2.2.4　保持村落总体色彩

村落的总体色彩应以灰色以及木材、砖石、草泥的原色为主色调，以明度略高的鲜艳色为点缀，广泛使用锡伯族喜爱的色彩（图5-2-2）。

5.2.3　院落风貌

1. 对形成于新中国成立前，且具有辽沈地区锡伯族传统院落特点及传统生产生活方式特点的院落，应进行重点保护，尽可能完整保留院落的各个要素、平面布局和空间尺度，对于后期拆除或改建部分，应根据原状进行复原。

2. 对于新中国成立后，特别是改革开放后形成的院落，在满足村民当代需求的基础上，应根据传统院落的构成要素及各要素之间的比例关系（图5-2-3、图5-2-4）进行适当改造。对于院落中除了主体建筑以外的院门、围墙、院与院之间的隔墙、院内铺地、存放粮食及杂物的仓库及堆放柴草等燃料的地方均应结合使用要求，对外观形式进行改造提升，使其体现辽沈地区锡伯族的民族特点。

3. 对于新建的院落，在满足国家现行法律法规及村民使用要求的前提下，院落的布局形态尽可能体现传统院落的构图及比例尺度等特点。

图5-2-2　景观要素推荐色谱

图5-2-3　院落比例关系图1

图5-2-4　院落比例关系图2

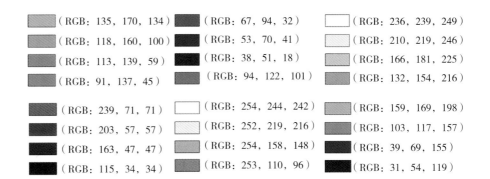

（RGB：135，170，134）	（RGB：67，94，32）	（RGB：236，239，249）
（RGB：118，160，100）	（RGB：53，70，41）	（RGB：210，219，246）
（RGB：113，139，59）	（RGB：38，51，18）	（RGB：166，181，225）
（RGB：91，137，45）	（RGB：94，122，101）	（RGB：132，154，216）
（RGB：239，71，71）	（RGB：254，244，242）	（RGB：159，169，198）
（RGB：203，57，57）	（RGB：252，219，216）	（RGB：103，117，157）
（RGB：163，47，47）	（RGB：254，158，148）	（RGB：39，69，155）
（RGB：115，34，34）	（RGB：253，110，96）	（RGB：31，54，119）

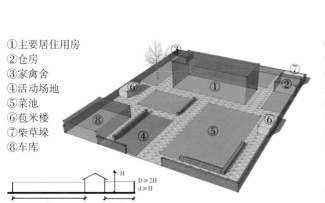

①主要居住用房
②仓房
③家禽舍
④活动场地
⑤菜池
⑥苞米楼
⑦柴草垛
⑧车库

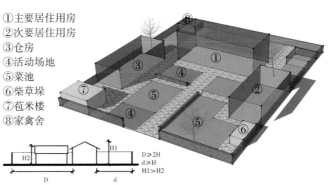

①主要居住用房
②次要居住用房
③仓房
④活动场地
⑤菜池
⑥柴草垛
⑦苞米楼
⑧家禽舍

5.2.4 建筑风貌

1. 对于建成在新中国成立前，且具有辽沈地区锡伯族传统民居典型特点的房屋（目前这类建筑在辽沈各地的锡伯族村中存量极少），必须进行保留并进行重点保护。对于破损部分，应根据原貌进行妥善维修。

2. 对于建成在新中国成立后，特别近二、三十年建成的房屋，结合村民的使用要求，进行不同程度的提升和改造，以体现辽沈地区锡伯族的民居特点。

1）对于整体质量很好、建成时间很短，且缺少锡伯族传统建筑风貌特色的房屋，应在充分尊重现状的基础上，适当增加锡伯族传统建筑符号，包括檐下、门窗仿木结构框架、山墙以及整体色调和局部色彩的处理，来突显出辽沈地区锡伯族的民族特点；

2）对于整体结构较好，但屋面、墙体及门窗有局部破损，缺少墙体和屋面保温，整体风貌缺少锡伯族民族特点的房屋，应在修缮和保温改造中体现辽沈地区锡伯族的民族特点。

3. 对于拟新建的房屋，首先应满足国家现行的法律法规及当代使用要求，其次房屋的外观形态和细部装饰应体现辽沈地区锡伯族的民族特点。

4. 村中的公共建筑和居住建筑的色彩，应采用以下推荐的色谱（图5-2-5）。

屋顶配色

木格门窗配色

涂料门窗配色

墙面配色

柱子配色

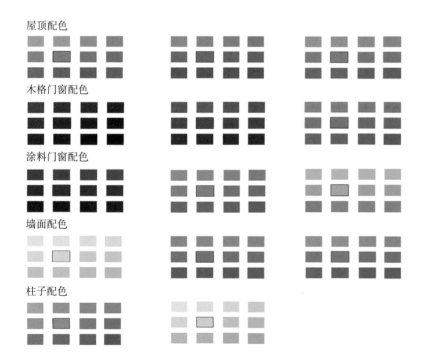

图5-2-5 **改造或新建建筑推荐色谱**

5.3 设计示例——沈阳市沈北新区新民村风貌提升设计

5.3.1 现状风貌及问题

沈阳市沈北新区兴隆台镇是锡伯族在沈阳的重要聚集点之一，新民村是其中较为典型的锡伯族村庄，锡伯族人的主要来源是清代南迁，因而具有悠久的历史以及浓厚的锡伯族风情（图5-3-1、图5-3-2）。

新民村的整体村庄风貌无锡伯族特色。文化上，村庄重要节点空间处缺乏绿化景观，未能充分体现出锡伯族文化。院门尺寸、风格不一，围墙形式单一，地面铺装多用黏土砖或水泥铺装，无特色且不环保。功能上，院落布局简单功能单一，部分院落缺乏晒菜场地和柴草棚。质量上，院墙和院门多出现破损，道路场地的铺装破损冻裂或未硬化，建筑水泥台基也有不同程度的破损，院内的仓房、柴草棚等建筑或构筑物质量较差。

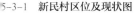
5-3-1 新民村区位及现状图

5.3.2　院落提升改造设计

5.3.2.1　院落改造示例一

1. 院落现状

院落建成约四十年，整体风貌较差需要重点改造。院落的功能结构较为复杂，有正房、门房、柴草堆、家禽舍、简易库房、厕所和种植用地。铺地材料为黏土砖，院落内部缺少晾晒场地。整体未能充分体现锡伯族文化（图5-3-3）。

<table>
<tr><td>2</td><td>4</td></tr>
<tr><td>3</td><td>5</td></tr>
</table>

图5-3-2　新民村现状风貌图

图5-3-3　院落示例一现状图

图5-3-4　院落示例一改造后平面图

图5-3-5　院落示例一改造后效果图

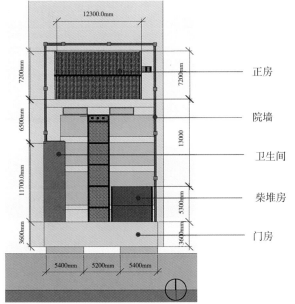

正房

院墙

卫生间

柴堆房

门房

2. 院落改造提升方案

改造中保留原有鸡禽舍和柴草堆位置，将道路重新铺装、库房重新加建。对正房、门房立面重新设计，融入锡伯族元素，如门窗增加了锡伯族装饰纹样，墙面用锡伯族特色的装饰性的纹样和色彩。在院内新建柴堆房、院墙和大门，院门院墙充分提取并应用锡伯族典型的装饰符号。库房进行结构加建并适当运用锡伯族的色彩和纹样（图5-3-4、图5-3-5）。

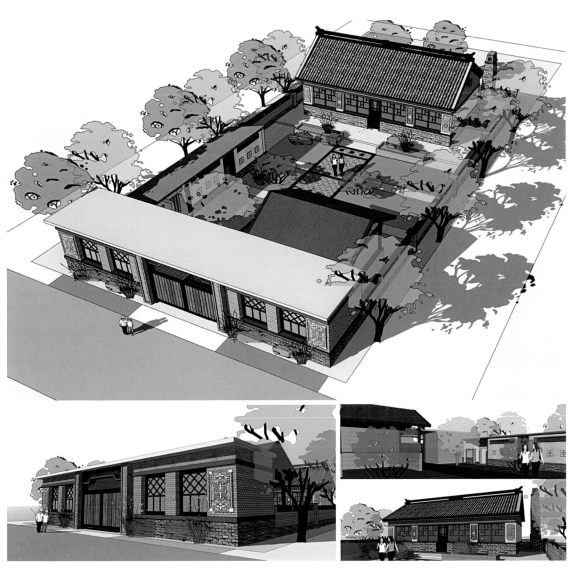

5.3.2.2 院落改造示例二

1. 院落现状（图5-3-6）

2. 院落改造提升方案

保留原有正房的位置，将道路重新铺装并新建卫生间。对正房立面重新设计，融入锡伯族元素，如门窗增加锡伯族装饰纹样，墙面用锡伯族特色的装饰性的纹样和色彩。在院内新建柴堆房、院墙和大门，院门院墙提取并应用锡伯族典型的装饰符号（图5-3-7、图5-3-8）。

5.3.2.3 院落改造示例三

1. 院落现状（图5-3-9）

2. 院落改造提升方案

改造中保留原有厢房、鸡禽舍、柴草堆的位置，将道路重新铺装、库房重新加建。对正房、门房立面重新设计，融入锡伯族元素，如门窗增加了锡伯族装饰纹样，墙面用锡伯族特色的装饰性的纹样和色彩。在院内新建柴堆房、卫生间、院墙和大门，院门院墙充分提取并应用锡伯族典型的装饰符号。库房进行结构加建并适当运用锡伯族的色彩和纹样（图5-3-10、图5-3-11）。

5.3.2.4 院落改造示例四

1. 院落现状（图5-3-12）

2. 院落改造提升方案

改造中保留原有卫生间、鸡禽舍和柴草堆的位置，将道路重新铺装、库房重新加建。对正房、门房立面重

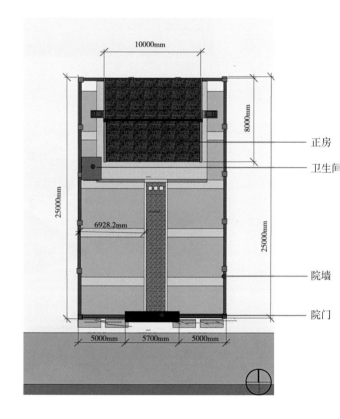

正房
卫生间

院墙

院门

图5-3-6　院落示例二现状图
图5-3-7　院落示例二改造后平面图

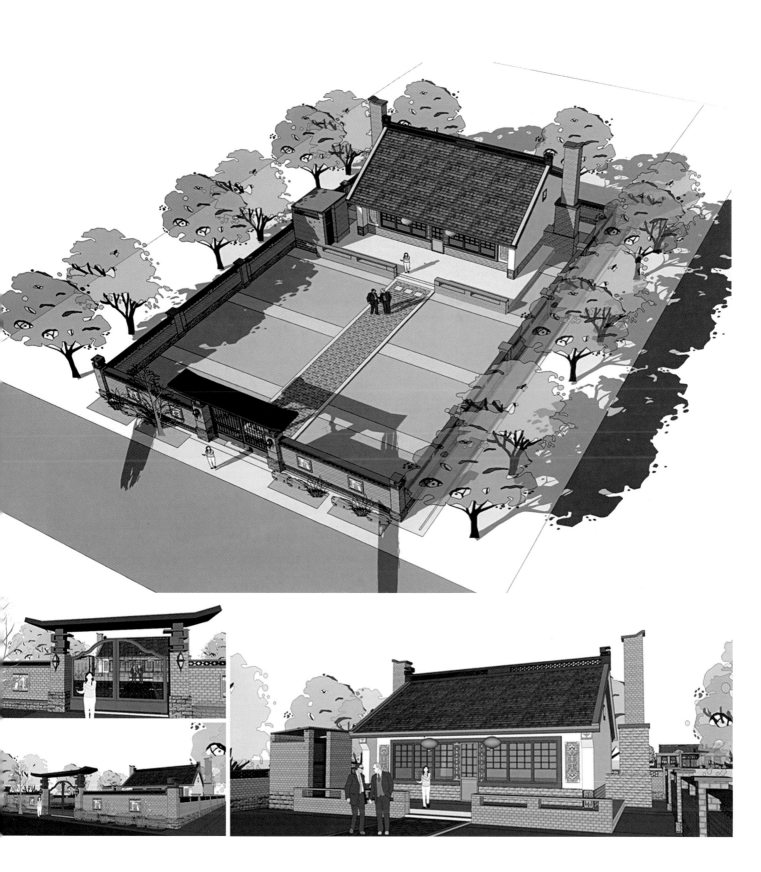

5-3-8　院落示例二改造后效果图

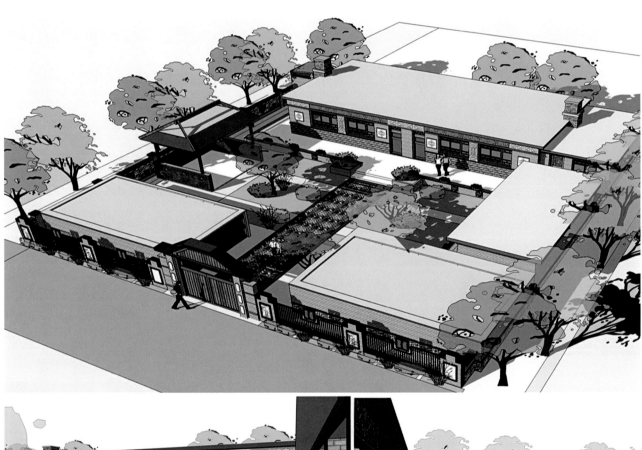

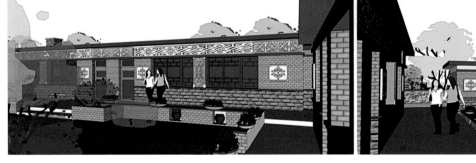

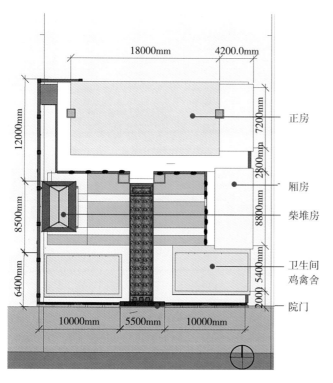

正房

厢房

柴堆房

卫生间
鸡禽舍

院门

新设计，融入锡伯族元素，如门窗增加了锡伯族装饰纹样，墙面用锡伯族特色的装饰性的纹样和色彩。在院内新建柴堆房、院墙和大门，院门院墙充分提取并应用锡伯族典型的装饰符号。库房进行结构加建并适当运用锡伯族的色彩和纹样（图5-3-13、图5-3-14）。

9	11	
10	12	13

图5-3-9　院落示例三现状图

图5-3-10　院落示例三改造后效果图

图5-3-11　院落示例三改造后平面图

图5-3-12　院落示例四现状图

图5-3-13　院落示例四改造后平面图

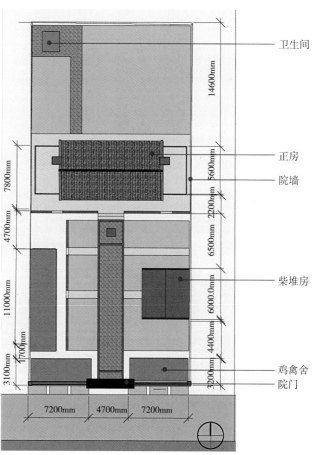

卫生间

正房
院墙

柴堆房

鸡禽舍
院门

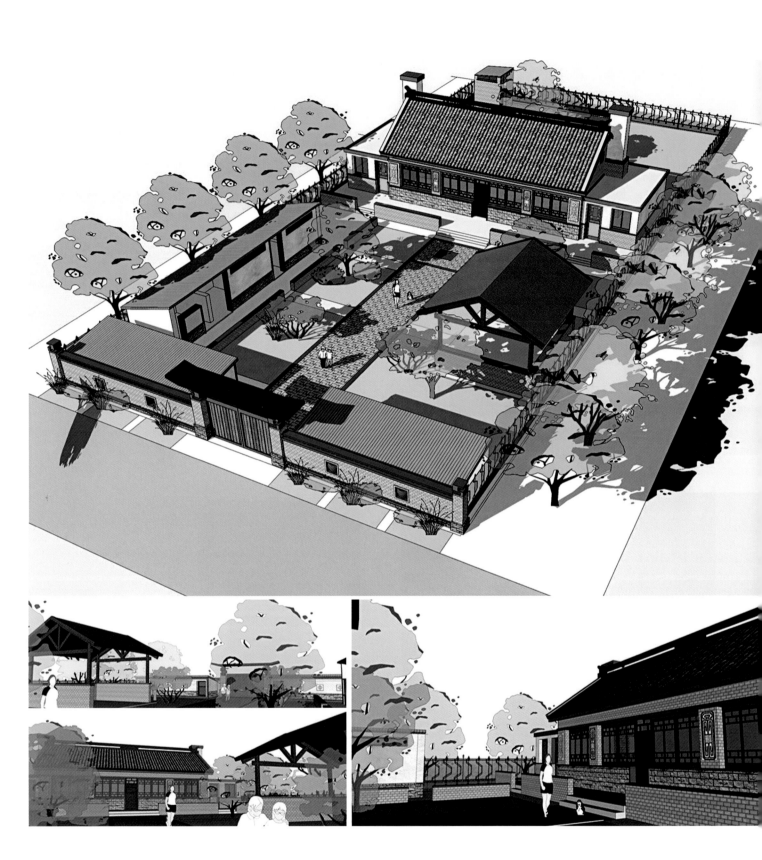

图5-3-14 院落示例四改造后效果图

5.3.3 建筑单体提升改造设计

5.3.3.1 建筑改造示例一

1. 建筑现状

主体建筑建成约三十五年，质量较好，屋顶形式为平屋顶，屋面局部有破损，需要重新修整。主体砖混结构完整，外墙材质和颜色外均没有体现出传统锡伯族民居的特色，铝合金门和木窗较为破旧且缺少特色。整体建筑上缺少锡伯族传统建筑典型符号。

2. 建筑改造提升方案

本方案充分吸取典型锡伯族民居传统样式和符号并运用在门窗、山墙等地方。对门窗材质进行替换，并加以传统锡伯族建筑喜爱用色——绿色，同时在门窗中装饰象征传统锡伯族文化的符号，将其打乱进行重新设计并组合运用（图5-3-15～图5-3-17）。

5.3.3.2 建筑改造示例二

1. 建筑现状

建筑建成约五十年，整体较为老旧，居住舒适度较低，整体风貌较为传

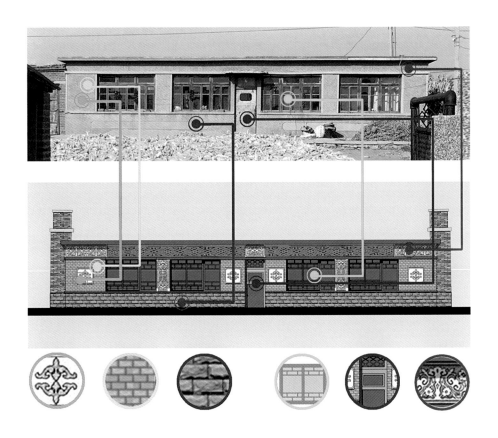

图5-3-15　建筑示例一改造过程图

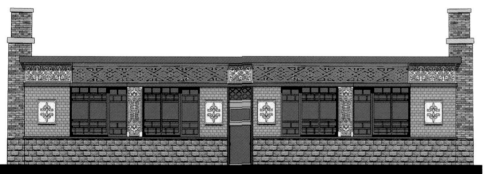

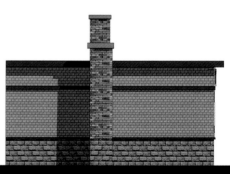

统，需要进行重点改造。其中屋面局部破损严重，需要重新铺装修整。主体梁
架结构完整，墙面泥土部分脱落，木质门窗较为破旧。

2. 建筑改造提升方案

进行建筑风貌提升设计时，对建筑进行由内而外的改造，首先对主体结构
进行加固，同时整修屋顶，恢复其"草顶泥墙"的传统民居造型。其次对建筑
立面进行整改，提取锡伯族典型民居的传统色彩并应用于门窗、柱子等外露木
构件（图5-3-18、图5-3-19）。

16

17

图5-3-16　建筑示例一改造后效果图
图5-3-17　建筑示例一改造后立面图

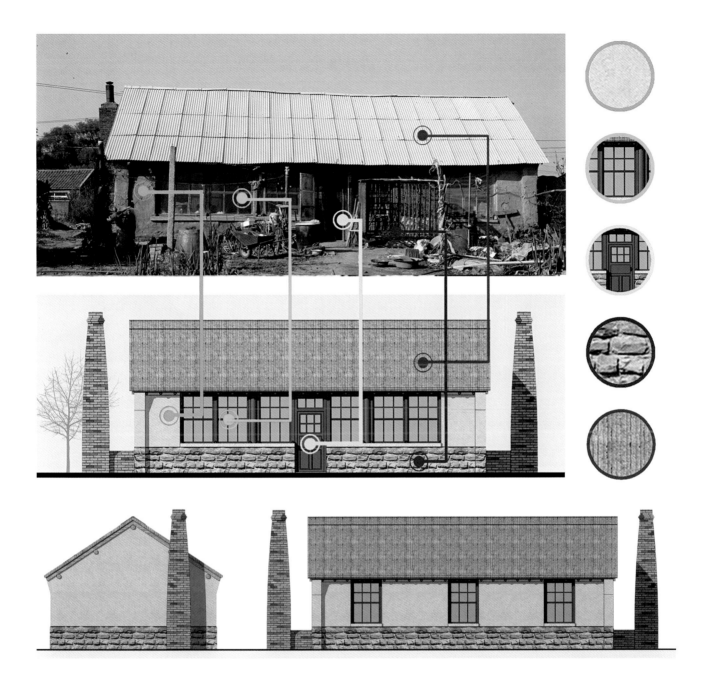

5.3.3.3　建筑改造示例三

1. 建筑现状

整体质量较好，屋顶形式为典型锡伯族民居的硬山双坡式，屋面局部有破损，需要重新铺瓦修整。主体砖混结构完整，外墙保温效果不佳，内墙返碱现象严重，外墙面水泥石抹面，颜色与锡伯族喜爱用色不符，铝合金门窗质量较好但缺少文化特色。整体建筑上缺少锡伯族传统建筑典型符号。

图5-3-18　**建筑示例二改造过程图**

图5-3-19　**建筑示例二改造后立面图**

2. 建筑改造提升方案

进行风貌提升方案设计时，充分尊重现状，着重进行墙身屋面的饰面改造，更加贴近"青砖瓦顶"的锡伯族传统民居特色。并在屋脊、窗间墙、槛墙、山墙、门窗上象征性地使用传统锡伯族装饰符号。在保持建筑样式现代化的前提下，传承传统锡伯族文化的特色，如锡伯族的民族色调为绿色，因此改造后的建筑用色讲究，配比均衡，体现锡伯族传统民居特色（图5-3-20~图5-3-22）。

图5-3-20 建筑示例三改造后立面图
图5-3-21 建筑示例三改造过程图

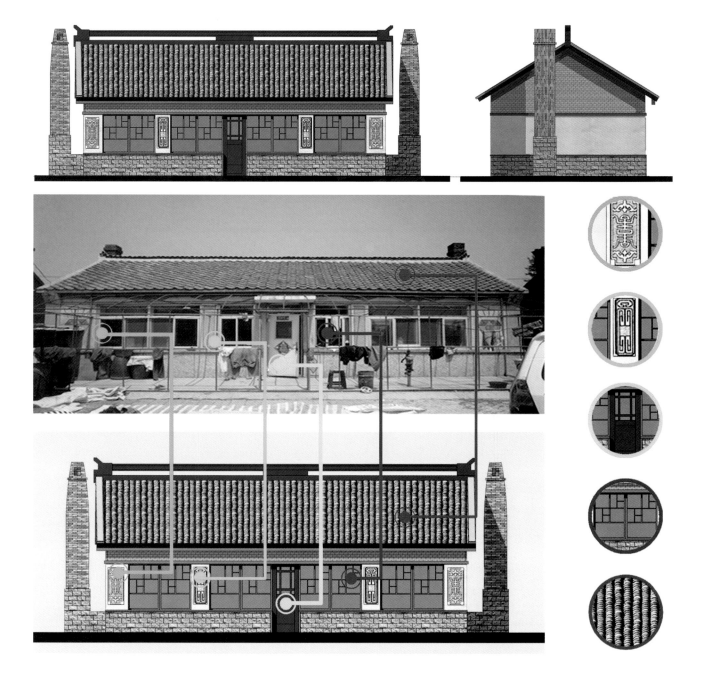

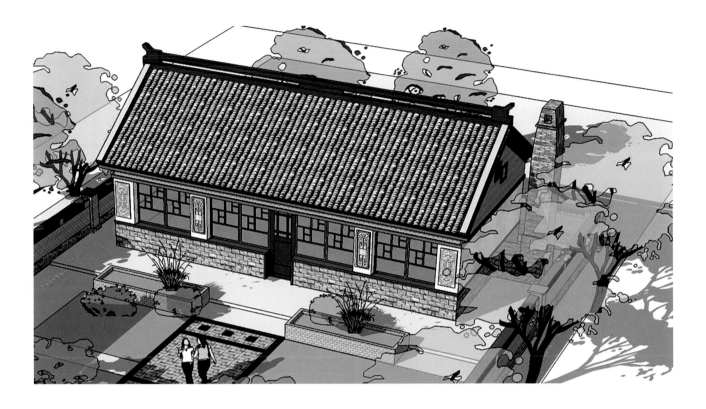

图5-3-22　建筑改造后效果图

5.3.4　附属设施提升改造设计

5.3.4.1　院门

1. 院门现状

院门多为铁艺院门。大部分大门破损严重，缺少必要的围合；材料使用单一，形式粗糙且过于普通；院门镂空样式混杂，风格不统一，缺少必要的设计，缺少民族特征符号（图5-3-23）。

2. 院门改造与提升设计（图5-3-24、图5-3-25）

5.3.4.2　院墙

1. 院墙现状

图5-3-23　院门现状图

大部分院落院墙破损严重，影响村容村貌；材料使用单一，形式过于普

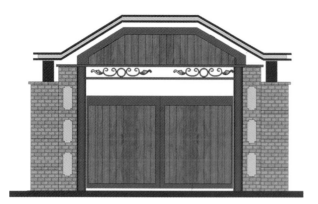
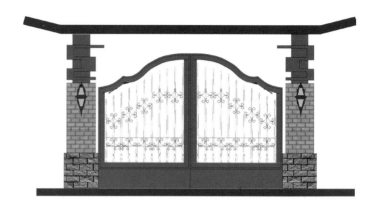

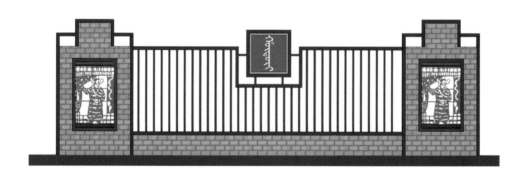

24	25
26	
27	
28	

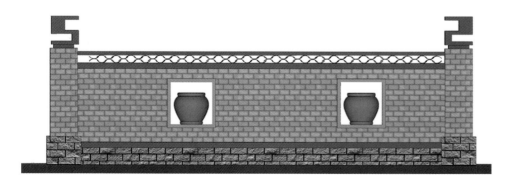

图5-3-24　院门改造后立面图1

图5-3-25　院门改造后立面图2

图5-3-26　院墙现状图

图5-3-27　院墙改造后立面图1

图5-3-28　院墙改造后立面图2

通；村庄院墙风格不统一，缺少必要设计;同时使用的材料不环保，未能充分体现出锡伯族的文化（图5-3-26）。

2. 院墙改造与提升设计

进行院墙风貌提升方案设计时，使用传统锡伯族建筑院墙的形式和材料进行院墙设计，并适当丰富变化其形式（图5-3-27、图5-3-28）。

5.3.4.3 铺地

1. 铺地现状

院落中台基基本为水泥抹面，形式简单，破损严重。甬路与庭院铺装为水泥或水泥路面，形式单一，缺少锡伯族文化特色（图5-3-29）。

2. 铺地改造与提升设计

进行铺地提升方案设计时，采用水泥铺装和混凝土铺装，配合砖的几种常用铺法，适当添加锡伯族特色（图5-3-30~图5-3-32）。

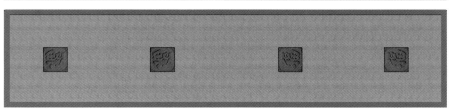

5.3.4.4 卫生间

1. 卫生间现状

卫生间为旱厕，通风及采光不良，卫生环境较差，建造的比较粗糙简陋，甚至部分有所破损，常常用简易的材料搭建，如木棍、石棉瓦和红砖等（图5-3-33）。

2. 卫生间改造与提升设计（图5-3-34）

5.3.4.5 家禽舍

1. 家禽舍现状

村庄现有的家禽舍多为临时搭建，材料多为红砖，多位于院落一角，整体结构不够坚固，且搭建没有秩序，不美观，影响院落整体形象（图5-3-35）。

2. 家禽舍改造与提升设计（图5-3-36、图5-3-37）

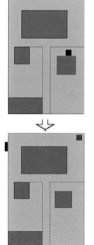
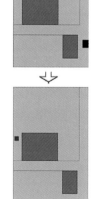

■ 卫生间现状位置　■ 改造后卫生间的位置

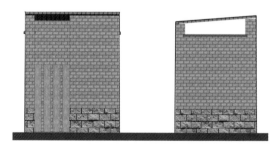

图5-3-33　卫生间现状图

图5-3-34　卫生间改造后立面图

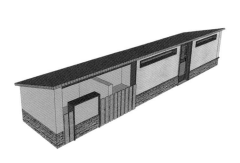

5.3.4.6 分隔墙（图5-3-38、图5-3-39）

35	
36	37
38	
39	

图5-3-35　**家禽舍现状图**

图5-3-36　**家禽舍改造后效果图1**

图5-3-37　**家禽舍改造后效果图2**

图5-3-38　**分隔墙现状图**

图5-3-39　**分隔墙改造后立面图**
　　　　　①～③

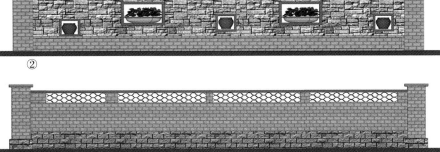

5.3.5 村庄景观环境提升设计

5.3.5.1 景观分析（图5-3-40）

5.3.5.2 广场

1. 广场1现状

现有广场较空旷，器材使用率低，场地中的硬质铺装不适合村民活动乘凉，缺乏文娱活动场地（图5-3-41）。

图5-3-40 改造后景观框架图

图5-3-41 广场1现状图

 主要道路

 河道景观

文化广场

休闲场地

绿地景观

出入口

指示牌

路牌

2. 广场1的改造与提升设计

在广场风貌提升设计方案中，采取绿地与场地相互结合的方法打造村内大型文化娱乐活动场地。广场以场地为主，北面设计了一个舞台，为村内集体活动、节日庆典等提供场所，场地以"一弓三箭"为主题，以铺地和箭靶的形式进行表现；广场的绿地以"喜利妈妈"为题材建造小品；西侧广场在铺地上构筑了一个大型铺地——西迁地图，东侧广场设计一组景观廊架，下面放置石磨桌凳，为村民玩嘎啦哈、休息、闲聊提供场地。最后在场地周边的绿地中设置数个导视牌，对其场地、小品有其相应的介绍，如西迁历史、抹黑节历史、嘎啦哈的玩法、打瓦的玩法、射箭的赛法等，有效地传承了锡伯族的非物质文化，展现了民族特色（图5-3-42、图5-3-43）。

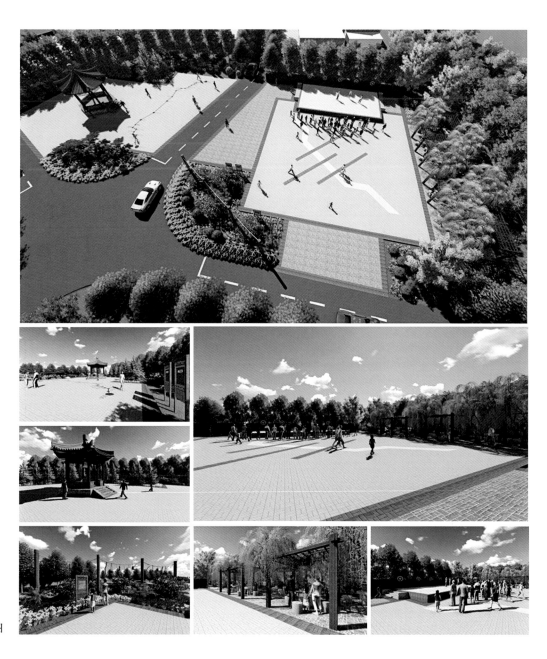

图5-3-42　改造后广场效果图

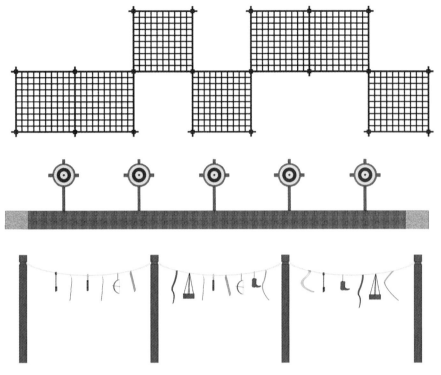

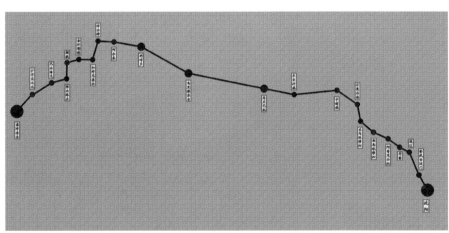

图5-3-43 改造后广场1景观小品及铺地效果图

3. **广场2现状**（图5-3-44）

现状问题：

1）现状场地荒废无用；

2）原运动场地大，利用率低；

3）场地无民族文化特色。

4. **广场2的改造与提升设计**（图5-3-45、图5-3-46）

1）广场3现状（图5-3-47）

2）广场3的改造与提升设计（图5-3-48、图5-3-49）

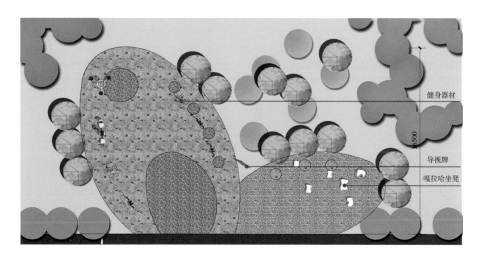

健身器材

导视牌

嘎拉哈坐凳

44
45
46
47

图5-3-44　广场2现状图

图5-3-45　改造后广场2平面图

图5-3-46　改造后广场2效果图

图5-3-47　广场3现状图

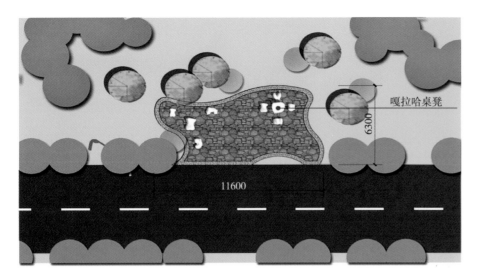

嘎拉哈桌凳

6300

11600

48
49
50

图5-3-48　改造后广场3平面图

图5-3-49　改造后广场3效果图

图5-3-50　水塘1现状图

5.3.5.3　水塘

1．水塘1现状

现状问题：水塘边无专门场地供村民休闲钓鱼，在村庄内多处有废弃的磨盘等农具可考虑利用（图5-3-50）。

2．水塘1的改造与提升设计（图5-3-51、图5-3-52）

石磨坐凳

渔网小品

鱼群纹样

蝴蝶警示牌

图5-3-51 改造后水塘1平面图

图5-3-52 改造后水塘1效果图

3．水塘2现状

现状问题：此处水塘边缺乏供村民休息乘凉的空间，导致村民私自搭建简易凉棚，严重影响村容村貌，缺乏绿荫小路，村民自主踩踏导致绿化受损（图5-3-53）。

4．水塘2的改造与提升设计（图5-3-54、图5-3-55）

5.3.5.4 大门

1．大门现状

新民村的主要出入口仅有一块石碑作为入口标识，缺少明显的具有特色的

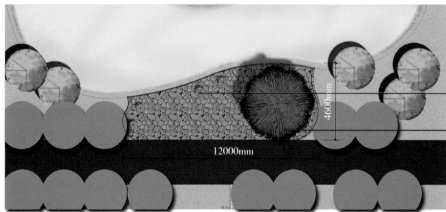

石磨坐凳

茅草凉亭

12000mm

4600mm

图5-3-53　水塘2现状图

图5-3-54　改造后水塘2平面图

图5-3-55　改造后水塘2效果图

标识，也无入口的大门，应在适当的位置新建一处具有锡伯族特色的大门（图
5-3-56）。

2. 入口大门设计

村口大门外形采取民居山墙的造型。檐下曲折代表山墙犀头造型，山尖处
雕刻锡伯族神兽——鲜卑郭洛。将锡伯族民居中草和土的色彩、材质运用到大

门中。设计中借用了当地锡伯族"五花山墙"造型,化实为虚,适当变形,将五花部分挖空形成门洞(图5-3-57、图5-3-58)。

村口大门外形采取民居中常见的跨海烟囱造型,烟囱上雕画锡伯族神兽——鲜卑郭洛,达到醒目且具有代表性的效果。

5.3.5.5 路灯

路灯外形采用锡伯族民族独有的弹拨弦鸣乐器——东布尔琴的外形,与村庄整体民族文化风貌相协调(图5-3-59)。

图5-3-56 入口现状图

图5-3-57 改造后大门效果图1

图5-3-58 改造后大门效果图2

5.3.5.6 坐凳

坐凳外形取自锡伯族民俗中常见用具——嘎拉哈，嘎拉哈是旧时代北 方（尤其东北）小女孩的玩具，是羊的膝盖骨，只后腿有，共有四个面，以四个为一副，能提高人们的敏捷力。坐凳材质采用钢丝网混凝土（图5-3-60、图5-3-61）。

	59	
	60	61

图5-3-59　改造后路灯效果图

图5-3-60　改造后坐凳效果图1

图5-3-61　改造后坐凳效果图2

村庄内现有很多废弃的石磨、石碾子。稍加修正，选取合适大小充当水塘边桌凳，既显得美观又有乡土气息。

5.3.5.7 标识牌

标识牌的外形均取自锡伯族民俗中常见用具——挂笺，也叫"门笺"或"挂钱"，古时或称"门彩"或"斋牒"，用于春节时挂在门楣上的剪纸。将挂笺适当变形设计成三种标识牌，分别用于导视、宣传和路牌（图5-3-62～图5-3-64）。

5.3.5.8 垃圾收集点

垃圾收集点以锡伯族房屋最具特点的五花山墙为元素来源。墙体部分由青砖垒砌，顶部用彩钢板模拟屋顶。收集箱大小为1.5米×1.2米，前挡板可以整体抽起，方便垃圾清理（图5-3-65）。

62	63
64	65

图5-3-62　改造后标识牌效果图1

图5-3-63　改造后标识牌效果图2

图5-3-64　改造后标识牌效果图3

图5-3-65　改造后垃圾收集点效果图

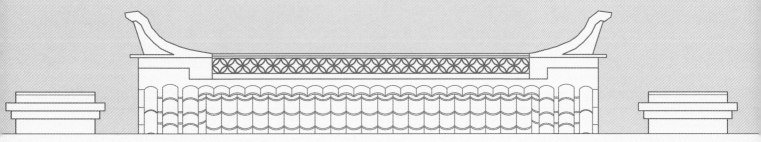

第6章

辽沈地区蒙古族村落特色风貌建设引导

06

6.1 传统蒙古族村落及民居特征性语汇符号提取

6.1.1 村落典型特征

6.1.1.1 选址

辽沈地区的蒙古族村落多选址于辽宁西部中山或低山丘陵向辽河平原过渡地带或内蒙古草原向东或向南的延伸地带。

6.1.1.2 总体布局

1. 蒙古族村落包含山体、水域、街巷、院落和主体建筑等构成要素。据不同的选址可分为沿山水方向发展，离山体、水域环境较近和地处平缓地带，离山体、水域环境较远的两种不同的形式布局。

2. 依附山水较近的村落往往背靠大山，沿山脚下的道路发展，若村落中有水体，多数以流量较小的河沟和溪流为主并穿插在村落之中，其街巷布局主要顺应山脉走势及地形等高线。在街巷尺度上，干路宽度最大为12米，支路宽度8～9米，入户路5～7米，其中最窄的入户小巷也要能供牲畜和农用推车等农具通过。

3. 处于地势平缓的村落，往往在建成之初便有自己的信仰，并按照一定的规模发展，一般在村中建有中心建筑或标志物。其街巷布局主要呈现出蒙古居民对其自身的精神信仰，如街巷整体或局部的布局上呈现出吉祥结的形态（图6-1-1～图6-1-4）。

1 | 2

图6-1-1　**村落布局示意图1**

图6-1-2　**村落布局示意图2**

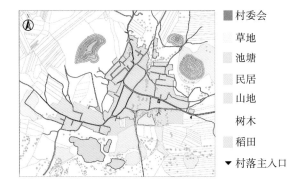

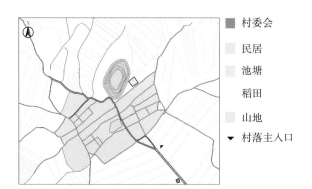

图6-1-3 村落布局示意图3

图6-1-4 村落布局示意图4

6.1.2 院落典型特征

6.1.2.1 院落组成

辽沈地区蒙古族院落具有空间大、密度低的特点。往往其院落占地面积广，但建筑只有一排正房，没有厢房，房屋的前后均用来圈养牲畜及囤积饲料。

蒙古族院落按围合方式可分为独院、二合院、三合院和四合院，院落主要由主要居住用房、次要居住用房、仓储、厕所、牲畜棚和小型菜田等组成，其中院内大量的牛棚、羊圈等牲畜棚是蒙古族院落中典型的构成要素

6.1.2.2 院落朝向

地形较复杂的村落，其院落往往顺应山脉的走势决定院落的朝向，且院门方向往往面朝放牧的场所和低山丘陵的方向；地形较平缓的村落，其院落的朝向以偏南为主。

6.1.2.3 院落布局

独院式院落（图6-1-5～图6-1-7），前院空间较大，多数是在院门与主要居住用房之间设一条直路，道路两侧分别为牲畜棚或柴草堆；二合院式（图6-1-8～图6-1-10）是在独院式的基础上，在另一方向设置次要居住用房而产生的围合形式；三合院（图6-1-11）院内有明显的轴线，以主要居住用房为中心，与其两侧建东、西次要居住用房设院墙与院门；四合院式（图6-1-12）将三合院式的大门改建为"门房"，即构成四面围合的形式。

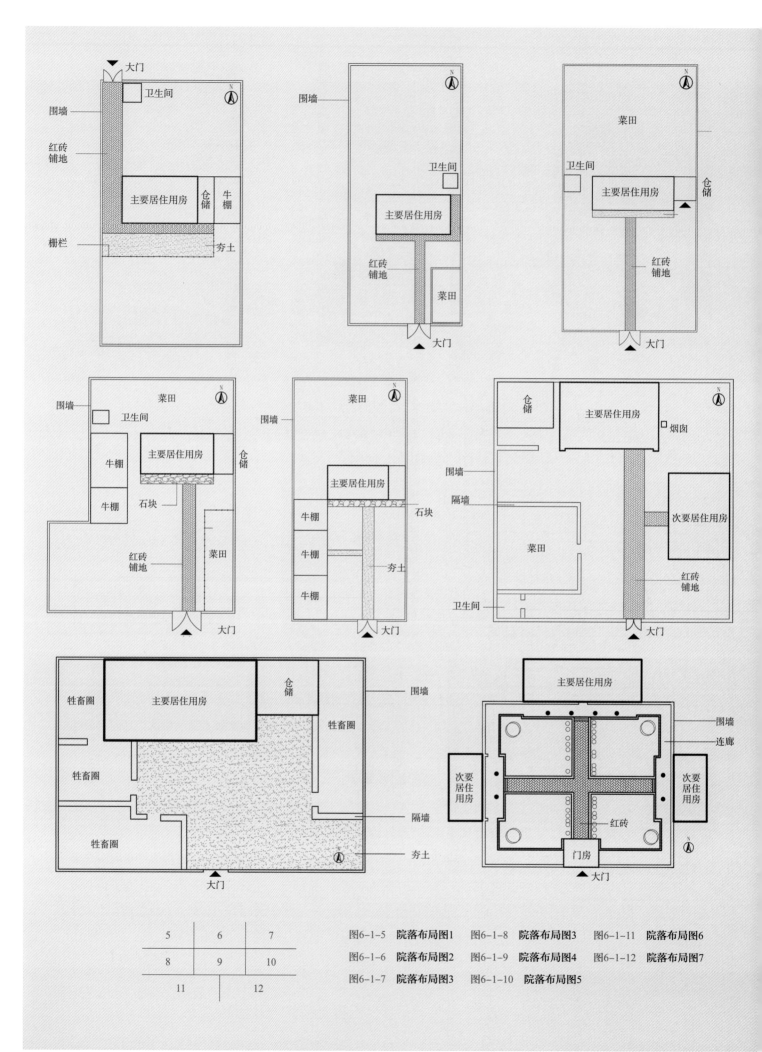

图6-1-5　院落布局图1　　图6-1-8　院落布局图3　　图6-1-11　院落布局图6

图6-1-6　院落布局图2　　图6-1-9　院落布局图4　　图6-1-12　院落布局图7

图6-1-7　院落布局图3　　图6-1-10　院落布局图5

6.1.2.4 院落尺度

院落多为矩形，规模在800～1500平方米，院落四周设高大的围墙，高度约为1.5～1.8米，围墙到主房的距离D与主房的高度H的比值约为4～7。

6.1.3 主要居住建筑平面典型特征

辽沈地区的蒙古族民居按照平面类型可分为一明两暗式，口袋房式和两间房平面布局遵循"以西为尊"的文化观念，西侧的卧室为主卧，东侧为次卧。主卧的开间尺寸比次卧要大，火炕多位于北侧，烟囱多布置在山墙的内部，少设置在山墙外。

6.1.3.1 一明两暗式（图6-1-13～图6-1-16）

"一明两暗式"平面呈中轴对称布局，中间为门厅，东西两侧为卧室。在门厅用隔墙划分内外两个空间，外部设有灶为厨房，内为门厅连接两个卧室。多开间平面与三开间中轴对称式的布局形式，中间为门厅，一侧或两侧为卧室。在卧室的一侧或两侧多出一间房为储藏用的库房和厨房，并设单独的出入口。

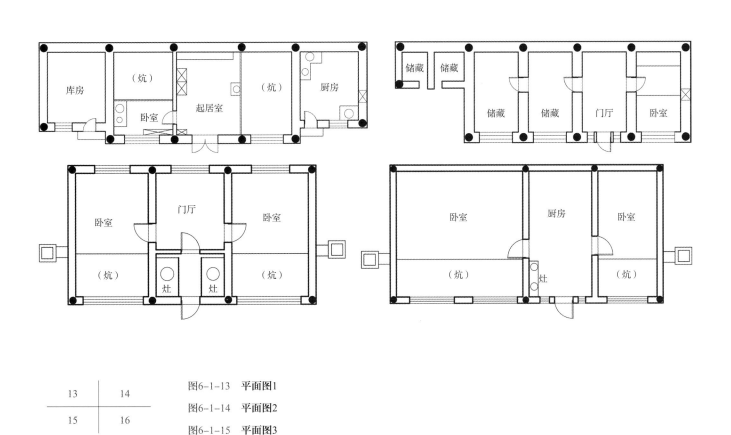

13	14
15	16

图6-1-13　**平面图1**

图6-1-14　**平面图2**

图6-1-15　**平面图3**

图6-1-16　**平面图4**

6.1.3.2 口袋房式 （图6-1-17~图6-1-18）

"口袋房式"平面为两开间，将门设置在东侧的房间使平面呈口袋式布局，入口为厨房，西侧为卧室，在室内地面设有柱子，火炕多位于北侧，烟囱多布置在山墙的内部。

6.1.3.3 两间房式 （图6-1-19~图6-1-20）

"两间房式"平面为两间，分别设单独的出入口，一间为厨房，另外一间为卧室，并将火灶设在卧室内。

6.1.4 蒙古族民居外观形态的典型特征

1. 辽沈地区蒙古族民居主要为囤顶房，其正立面由屋顶、屋身构成，屋身包含墀头、门窗、窗间墙和窗下的槛墙及橼子、横梁和梁头等木构件（图6-1-21~图6-1-25）。

17	18
19	20

图6-1-17　平面图5
图6-1-18　平面图6
图6-1-19　平面图7
图6-1-20　平面图8

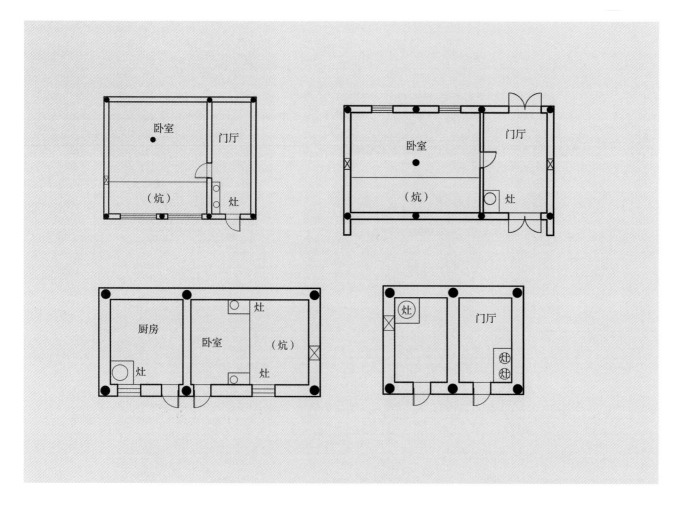

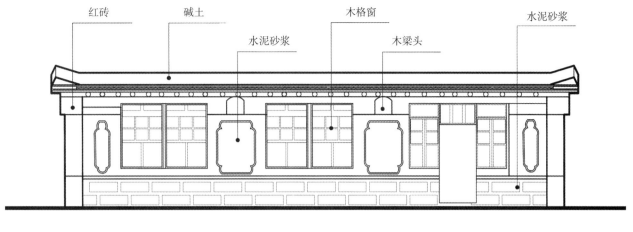

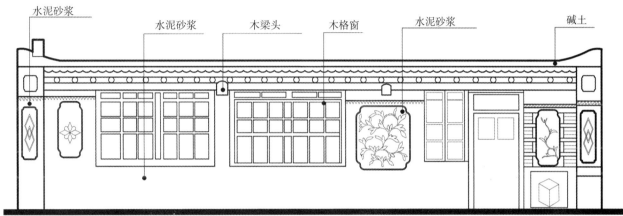

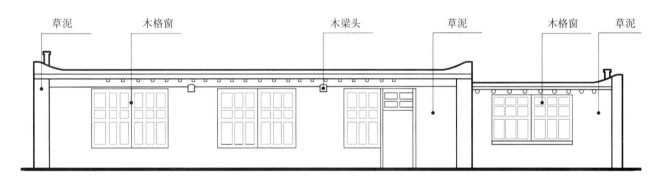

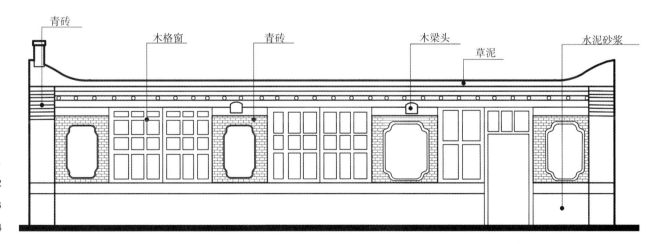

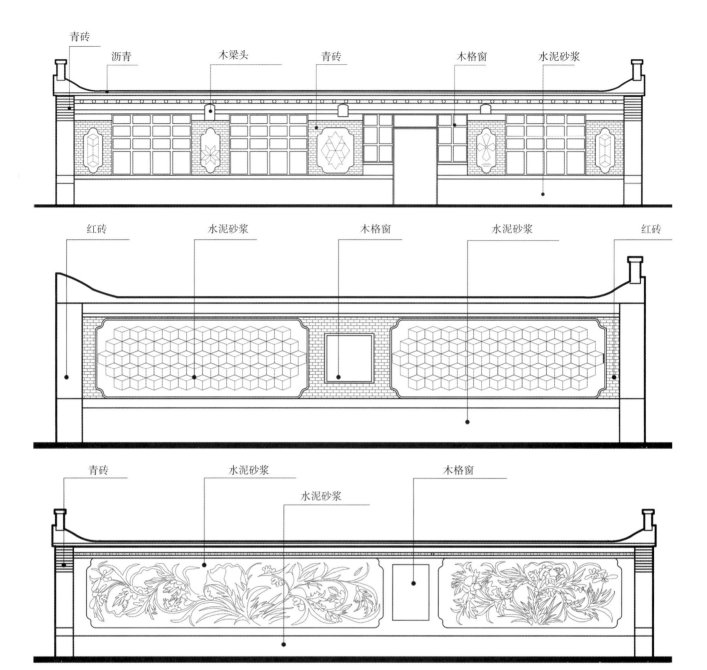

青砖　沥青　木梁头　青砖　木格窗　水泥砂浆

红砖　水泥砂浆　木格窗　水泥砂浆　红砖

青砖　水泥砂浆　水泥砂浆　木格窗

1）屋顶与房屋整体的比值约为1：23～24；

2）望板与椽子和两道横梁各部分的比例约为1：1.3～1.5：1.8～2；

3）槛墙占整体檐墙的比值约为2.7～3.4：1；

4）墀头整体的高宽比为5～6：1；

5）双扇窗户的高与宽度的比值为1：1.5。

2. 背立面的墙上往往只开一扇窗户（图6-1-26～图6-1-29）。

1）窗户两侧墀头距离与窗户宽度的比值为5：1～4：1；

2）多为矩形的窗户，其高与宽度的比值为1.5：1。

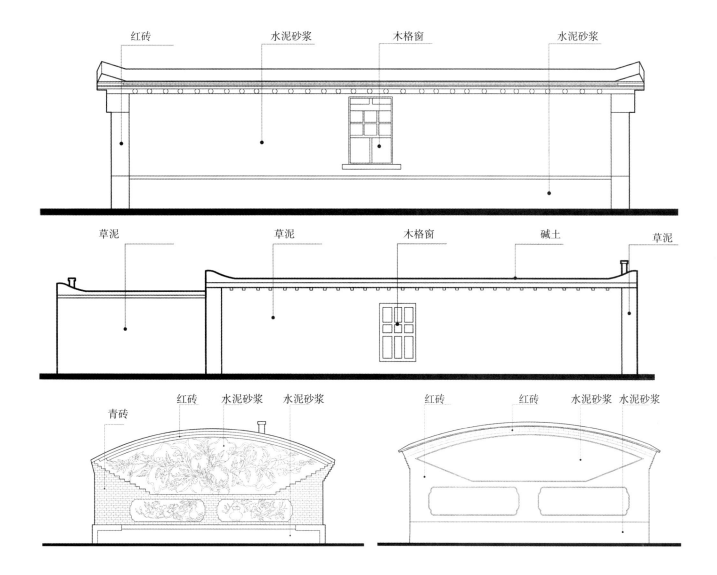

红砖　　　　水泥砂浆　　　　木格窗　　　　水泥砂浆

草泥　　　　草泥　　　　木格窗　　　　碱土　　　　草泥

青砖　　红砖　水泥砂浆　水泥砂浆　　　　　　红砖　　　红砖　水泥砂浆　水泥砂浆

3．山墙面由囤顶、砖博风和墙面构成（图6-1-30、图6-1-31）。

1）囤顶其弦长与失高比值约为100∶11～100∶12；

2）屋顶厚度和砖博风厚度的比值约为1∶2。

6.1.5　蒙古族民居装饰的典型特征

辽沈地区的蒙古族民居多在木构件和门窗上涂料粉刷，不施以彩画，在山墙和窗间墙有大面积的装饰纹样。

1．墙面装饰纹样：以植物纹样为主，多为卷草纹、牡丹纹等（图6-1-32）；

2．常见装饰纹样：装饰纹样有哈那纹、兰萨纹、云纹、回纹、如意吉祥纹等（图6-1-33～图6-1-35）。

图6-1-28　**背立面图3**

图6-1-29　**背立面图4**

图6-1-30　**侧立面图1**

图6-1-31　**侧立面图2**

图6-1-32　墙面常见装饰纹样图

图6-1-33　常见装饰纹样图1

图6-1-34　常见装饰纹样图2

图6-1-35　常见装饰纹样图3

6.1.6　蒙古族民居色彩的典型特征

1. 屋顶色彩：屋顶多为砂石的覆盖层，以冷灰色为主。
2. 墙身色彩：墙身为青砖、红砖与石材拼接，以灰色为主；夯土墙为土黄色；
3. 门窗及木构件色彩：门窗及外露的木构件外部为蓝色；
4. 传统色彩：传统蒙古族色彩为蓝色、白色和红色（图6-1-36）。

6.1.7　构造的典型特征（图6-1-37～图6-1-42）

1. 窗间墙顶端砌筑成斜坡直接与横梁搭接；
2. 墀头做法可分为砖的叠涩、砌成斜面以及在草泥檐墙上局部凹凸；
3. 檐部椽子一般直接外露，山墙分为封檐式和露檐式，封檐式在博风处一般为三皮砖，上下两层为平砌，中间一层为斜砌，是将红砖的一角砌在外面呈三角形；
4. 室内一般不设吊顶，梁架直接暴露在外。在地面上立柱，柱上架大梁，梁上设有短柱，短柱上架有横梁，横梁一般由两段原木拼接组成。横梁上搭有一根根的木棍，上面铺秸秆编成的苇席。

图6-1-36　草泥闷顶民居外观图

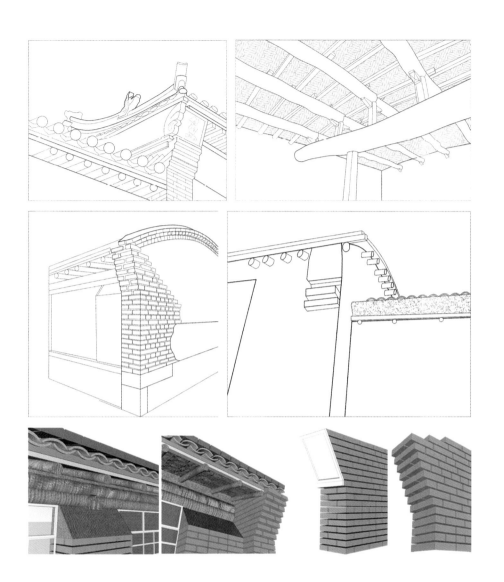

37	38
39	40
41	42

图6-1-37　檐口构造图

图6-1-38　屋架构造图

图6-1-39　山墙构造图

图6-1-40　草泥墁头构造图

图6-1-41　檐下构造图

图6-1-42　砖砌墁头叠涩图

6.1.8　小结

  辽沈地区的蒙古族村落形成较晚，由于这些村落是随着生产方式由以游牧为主转变为以农耕为主而形成的。该地区的蒙古族的生产方式和生活方式既有蒙古族民族的共同特点，也有辽沈地区的地域特点，现将其村落与民居的典型特征概括如下：第一，村落多选址于辽宁西部低山丘陵向辽河平原过渡地带及内蒙古草原向东或向南的延伸地带；第二，村落多为不规则形态，有些村落的街巷整体或局部呈现蒙古族吉祥结的形态；第三，院落空间大、建筑密度低，一般只有一排正房，没有厢房，房屋前后均用来圈养牲畜及加工囤积草料；第四，建筑单体的造型、建造方式及所用建筑材料与周边的汉族民居类似，常见的形式是辽西典型的囤顶房，墙体材料有土、石、砖、土石结合、砖土结合和砖石结合几种；第五，民居建筑装饰纹样以植物纹样为主，多出现在窗间墙和山墙部位；第六，早期定居下来的蒙古族民居建筑色彩呈现土、石、砖、草、木等材料的原色，后期常在建筑外表面施以蒙古族喜爱的蓝、白两色。

6.2 体现蒙古族特色的村落风貌建设引导

6.2.1 整体风貌建设目标

辽沈地区乡村中以蒙古族为主体民族的村庄，其建筑和景观风貌应具有蒙古族文化的鲜明特点。

6.2.2 村落景观风貌

6.2.2.1 保护和传承辽沈地区蒙古族传统村落特有的自然环境

1. 最大限度地保护既有村落所依托的山水环境；

2. 对于既有村落已遭到人为破坏的山体、河道、植被等尽可能进行修补；

3. 新迁建村落的选址既要满足国家现行法律法规及上位总体规划要求，又要符合传统村落的选址特点。

6.2.2.2 保护和传承辽沈地区蒙古族村落的格局和肌理

1. 对于既有村落的改造提升，要最大限度地保护和延续辽沈地区蒙古族村落的布局特点和图底关系，以重要的公共建筑和公共空间为核心，以大量的民宅院落为分布面，以村内道路为交通线；

2. 保护与延续路网特点，即顺应地形的叶脉状及体现精神信仰的"吉祥结"形状；

3. 院落与院落之间的排列方式宜保留或延续传统的行列式或组团式；

4. 对于新迁建村落，在满足国家现行法律法规及当代人使用的前提下，应体现辽沈地区传统蒙古族村落的格局及肌理特点。

6.2.2.3 突显具有辽沈地区蒙古族文化特色的村落景观

1. 在村域范围内搭建具有蒙古族特色的景观构架，应将村落中全部的文化景观（包括山水环境、山水中的各类文化景观标志物、稻田及居民点中的景观点）全部纳入整体的景观结构中。

2. 重点建设具有辽沈地区蒙古族特色的景观节点。

1）在村落的出入口应设置既能体现蒙古族民居特点又具有村落自身产业等其特点的标志物；

2）村落中应设置2～3处活动广场，广场的位置宜选在村民方便到达、人员活动较集中的区域，如村委会、商什树等周边；广场中的设施除满足当代村居普遍的活动内容外，重点应设置具有蒙古族传统民族特色的设施——射箭、蒙古象棋等；广场中各景观要素——景墙、亭、廊、铺地及植物模纹等都应体现辽沈地区蒙古族文化特点。

3. 村落中公共设施，包括路灯、座椅、垃圾箱、公共厕所、公交站牌、导视牌、道路铺装等在造型装饰上均应体现辽沈地区朝鲜族文化特点。

4. 村落的绿化应满足宜居乡村建设标准，且应采用朝鲜族喜爱的花卉和树种（图6-2-1）。

6.2.2.4 村落的总体色彩应以传统色彩为主

村落传统色彩以白色、蓝色、红色、黑色和金色为主色调，结合材料的固有色，应广泛使用蒙古族喜爱的色彩（图6-2-2）。

6.2.3 院落风貌

1. 对形成于新中国成立前，且具有辽沈地区蒙古族传统院落特点及传统生产生活方式特点的院落，应进行重点保护，尽可能完整保留院落的各个要素、平面布局和空间尺度，对于后期拆除或改建部分，应根据原状进行复原。

2. 对于新中国成立后，特别是改革开放后形成的院落，在满足村民当代需求的基础上，应根据传统院落的构成要素及各要素之间的比例关系（图6-2-3～图6-2-5）进行适当改造。对于院落中除了主体建筑以外的院门、围墙、院与院之间的隔墙、院内铺地、存放粮食及杂物的仓库及堆放柴草等燃料的地方均应结合使用要求，对外观形式进行改造提升，使其体现辽沈地区朝鲜族的民族特点。

3. 对于新建的院落，在满足国家现行法律法规及村民使用要求的前提下，院落的布局形态尽可能体现传统院落的构图及比例尺度等特点。

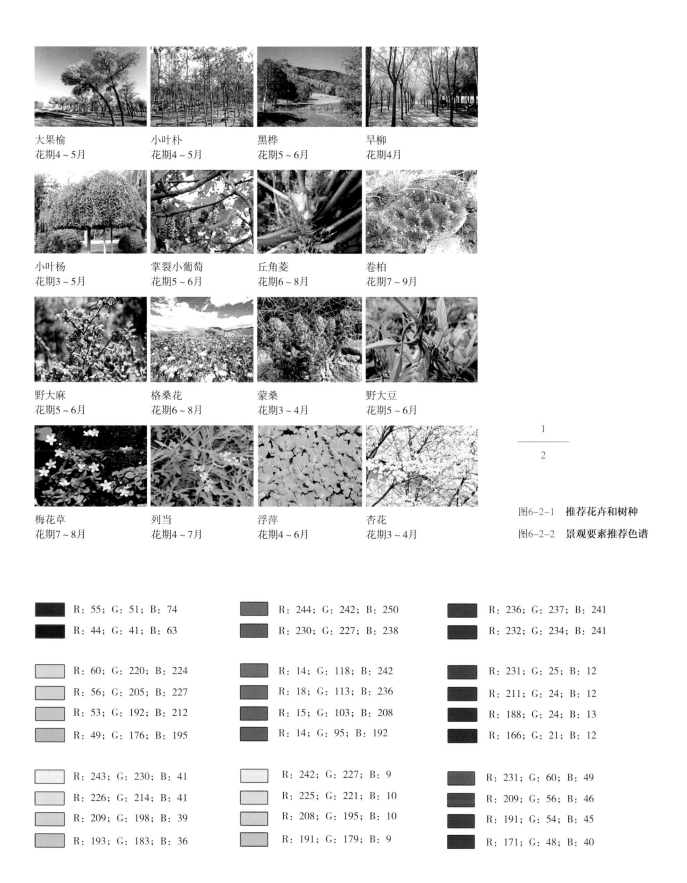

大果榆
花期4~5月

小叶朴
花期4~5月

黑桦
花期5~6月

旱柳
花期4月

小叶杨
花期3~5月

掌裂小葡萄
花期5~6月

丘角菱
花期6~8月

卷柏
花期7~9月

野大麻
花期5~6月

格桑花
花期6~8月

蒙桑
花期3~4月

野大豆
花期5~6月

梅花草
花期7~8月

列当
花期4~7月

浮萍
花期4~6月

杏花
花期3~4月

$\dfrac{1}{2}$

图6-2-1　**推荐花卉和树种**

图6-2-2　**景观要素推荐色谱**

R：55；G：51；B：74

R：44；G：41；B：63

R：60；G：220；B：224

R：56；G：205；B：227

R：53；G：192；B：212

R：49；G：176；B：195

R：243；G：230；B：41

R：226；G：214；B：41

R：209；G：198；B：39

R：193；G：183；B：36

R：244；G：242；B：250

R：230；G：227；B：238

R：14；G：118；B：242

R：18；G：113；B：236

R：15；G：103；B：208

R：14；G：95；B：192

R：242；G：227；B：9

R：225；G：221；B：10

R：208；G：195；B：10

R：191；G：179；B：9

R：236；G：237；B：241

R：232；G：234；B：241

R：231；G：25；B：12

R：211；G：24；B：12

R：188；G：24；B：13

R：166；G：21；B：12

R：231；G：60；B：49

R：209；G：56；B：46

R：191；G：54；B：45

R：171；G：48；B：40

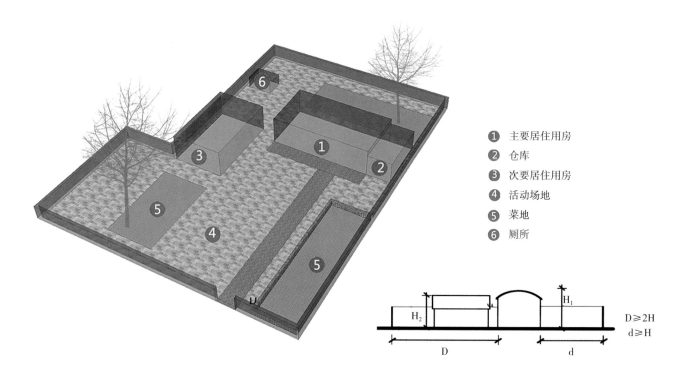

① 主要居住用房

② 仓库

③ 次要居住用房

④ 活动场地

⑤ 菜地

⑥ 厕所

$D \geqslant 2H$
$d \geqslant H$

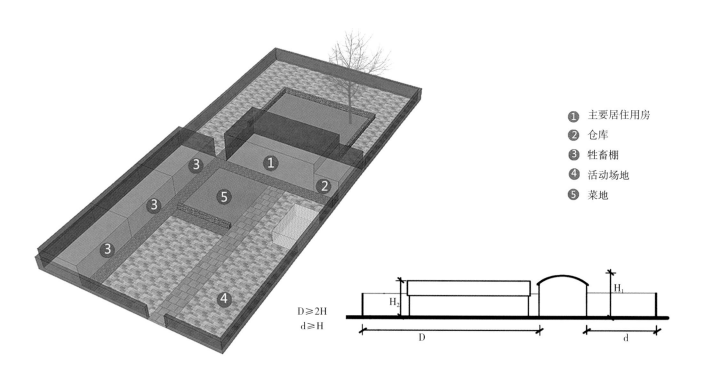

① 主要居住用房

② 仓库

③ 牲畜棚

④ 活动场地

⑤ 菜地

$D \geqslant 2H$
$d \geqslant H$

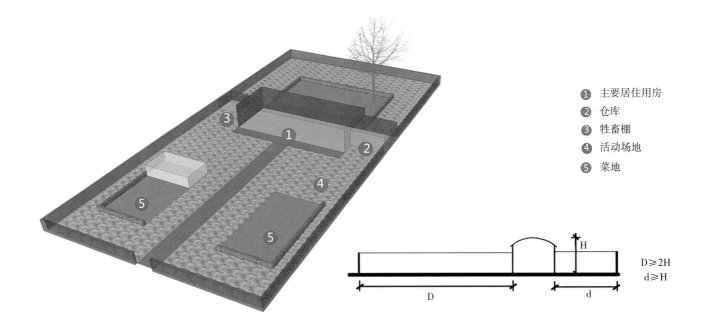

① 主要居住用房
② 仓库
③ 牲畜棚
④ 活动场地
⑤ 菜地

6.2.4 建筑风貌

图6-2-3 二合院比例关系图1

图6-2-4 二合院比例关系图2

图6-2-5 独院比例关系图

1. 对于建成在新中国成立前，且具有辽沈地区蒙古族传统民居典型特点的房屋（目前这类建筑在辽沈各地的蒙古族村中存量极少），必须进行保留并进行重点保护。对于破损部分，应根据原貌进行妥善维修。

2. 对于建成在新中国成立后，特别是近二、三十年建成的房屋，结合村民的使用要求，进行不同程度的提升和改造，以体现辽沈地区蒙古族的民居特点。

1）对于整体质量很好、建成时间很短，且缺少蒙古族建筑风貌特色的房屋应在充分尊重现状的基础上，适当增加蒙古族传统建筑符号，包括檐下、门窗、山墙绘画以及整体色调和局部色彩的处理来突显出辽沈地区蒙古族的民族特点；

2）对于整体结构较好，但屋面、墙体及门窗有局部破损，缺少墙体和屋面保温，整体风貌缺少蒙古族民族特点的房屋，应在修缮和保温改造中体现辽沈地区蒙古族的民族特点。

3）对于村民拟新建的房屋，首先应满足国家现行的法律法规及当代的使用要求，其次房屋的外观形态和细部装饰应体现辽沈地区蒙古族的民族特点。

4）村中的公共建筑和居住建筑的色彩，应采用以下推荐的色谱（图6-2-6）。

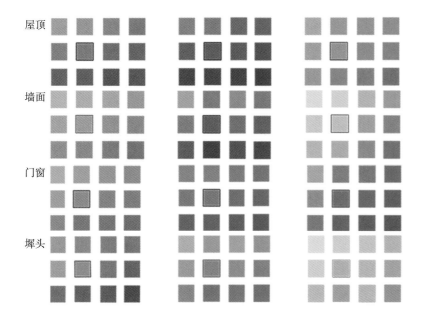

屋顶

墙面

门窗

墀头

图6-2-6　改建或新建建筑推荐色谱

6.3 设计示例——沈阳市康平县万宝营子村村庄风貌提升设计

6.3.1 风貌现状及问题

万宝营子村位于沈阳市康平县，是以蒙古族为主体民族的自然村。"万宝"系蒙古族姓氏"营子"，意思是院落、村落。该村位于一山坡脚下，西靠近秀水河，村内的居民以种植和畜牧为主要的生产方式，常在山坡上进行放牧（图6-3-1）。

在功能性方面，院落布局较为简单，功能单一，院落内部较多房屋无人居住，有人居住的房屋多为老人，部分院落空间狭小，院落内堆放的杂物较多。在外观形态上，院落的院门和院墙破损程度不一，风格不一,缺少蒙古族的特色。在材料的使用方面墙体多为红砖和砖石结构，院落前缺乏绿化景观，院落内部也不能够反应蒙古族文化。墙大门的破损程度不一，院落内外的铺装破损严重或未进行铺装。建筑外立面的改造和修补多为水泥修补,不能满足建筑的质量要求，仓房和牲畜用房的条件较差且不美观，容易引发隐患（图6-3-2）。

6.3.2　院落提升改造设计

6.3.2.1　院落现状

院落内有一门房，南侧有一厢房，西侧有两处主房。该院落临近主要道路但整体建筑风貌较差，院内长有杂草，院墙为简单的石块和夯土，垒砌部分已经坍塌，院内的道路铺装有严重的质量问题。院落内部布局简单，柴草垛、水缸等随意布置，环境比较杂乱，未能充分体现出蒙古族特色（图6-3-3）。

6.3.2.2　院落提升改造设计方案

保留原有的建筑，对于在原主体建筑上临时加建的部分拆除，对院内进行

$\dfrac{1}{2}$

图6-3-1　万宝营子村区位图

图6-3-2　建筑现状图

了整理，前院为生活休息的区域，布置了绿植，保留了原有的小型菜田，加建了花廊。后院为养殖区域，布置了家禽舍。对院内的铺地重新修缮，使用了耐磨且环保的材料，并融入了蒙古族典型的装饰纹样（图6-3-4、图6-3-5）。

$\dfrac{3}{4}$

图6-3-3　院落现状图

图6-3-4　院落改造后效果图1

图6-3-5　院落改造后效果图2

6.3.3　建筑单体提升改造设计

6.3.3.1　建筑现状

院内的一处主体用房现已无人居住，门窗构件破损严重，墙面的砖石大体保持完好，屋顶外盖有黑色防水塑料布，室内空间狭小，墙面地面有所破损，布置较为杂乱（图6-3-6）。

6.3.3.2　建筑单体提升改造设计方案

对院内的建筑进行了改造，主要根据户主意愿将无人居住的主体用房改造为供客人居住的民宿用房，同时将门房一部分保留作库房，一部分作接待同时为了满足现代的生活需求在院落的一角新建了车库，在建筑改造中室内包含了起居室、卧室、厨房和独立的卫生间，在卧室中仍然保留了火炕的取暖方式（图6-3-7~图6-3-10）。

方案在充分尊重现状的基础上着重通过建筑色彩和建筑装饰来突显出蒙

图6-3-6　院落现状图

图6-3-7　建筑改造后平面图

图6-3-8　建筑改造后立面图

图6-3-9　**推荐使用材质图**

图6-3-10　**建筑改造后透视图**

古族的文化特色，在建筑色彩上传承了蒙古族的传统色彩，在改造中建筑的主色调为白色，配色为蓝色和红色。设计中以白色墙面控制整体建筑的色调，以红色作为门的色调，在建筑的木构部分涂以蒙古族的蓝色。在建筑装饰上，传承了蒙古族典型装饰纹样，在建筑适当部位进行装饰，如窗下的槛墙和山墙等部位。

6.3.4　附属设施提升改造设计

6.3.4.1　院门

1. 院门现状

院门的形式各异，主要以铁艺的透视门为主，大部分的院门漆面剥落，质量较差，在形式上未能充分体现出蒙古族的特色（图6-3-11）。

2. 院门改造与提升设计

根据不同的需求，分别设计了屋宇式和光棍式的院门，屋宇式的院门仍然延续了当地建筑的囤顶元素，在门扇上使用了传统蒙古包的装饰纹样。光棍式大门以蒙古族的白蓝搭配作为大门的主色调，并抽象蒙古族服饰、蒙古包及惯用的祥云图案，在门扇两侧的立柱和上侧的横梁上进行了重点装饰，以突显出蒙古族的文化特色（图6-3-12、图6-3-13）。

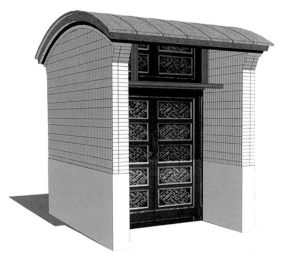
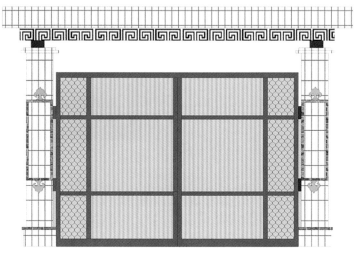

6.3.4.2 院墙

1. 院墙现状

院墙主要以红砖和当地的石块砌筑为主，部分后院的院墙出现坍塌，在形式上未能充分体现出蒙古族的特色（图6-3-14）。

2. 院墙改造与提升设计

根据不同的需求，分别设计了以实体墙面为主的院门和以铁艺为主的透视院门，在院墙中融入了传统蒙古包的装饰符号，并主要在院墙的墙面上和立柱上进行重点装饰，院墙整体传承了蒙古族典型的蓝白色调，在局部仍保留延续了房地的石材材料，形成不同材料肌理的对比（图6-3-15）。

6.3.4.3 铺装

1. 铺装现状

铺地的材料主要以红砖、石块和沙土为主，大部分的铺地经过长时间的使用出现了破损，样式比较单一，同时未能充分体现出蒙古族的特色（图6-3-16）。

2. 铺装改造与设计

场地铺装方案设计有三种：水泥铺装主要用于建筑散水及台基，需对现状破损的水泥台基进行修整；砖石铺装用于场地铺装，透水性强。铺装样式均提

11	
12	13

图6-3-11　院门现状图

图6-3-12　院门改造后效果图

图6-3-13　院门改造后立面图

图6-3-14　院墙现状图

图6-3-15　院墙改造后立面图

图6-3-16　铺地现状图

图6-3-17　铺地改造后平面图

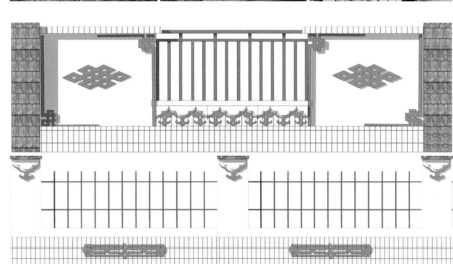

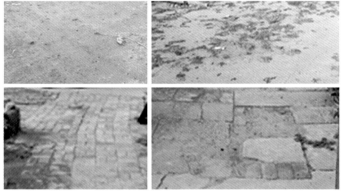

取了蒙古族传统纹样，并用不同的碎石等材料凭借而成，在色彩上以土黄色为主色调，与建筑的主色调相协调（图6-3-17）。

6.3.4.4　家禽舍

1. 家禽舍现状

家禽舍建造相对比较简单，以红砖为主要建造材料，有的甚至直接在院内支个棚子来饲养牲畜（图6-3-18）。

2. 家禽舍改造与提升设计

家禽舍主要用来饲养中大型的牲畜，延续了当地的囤顶元素，在结构性的构件上使用了蒙古族的传统纹样进行装饰（图6-3-19）。

图6-3-18　**家禽舍现状图**

图6-3-19　**家禽舍改造后效果图**

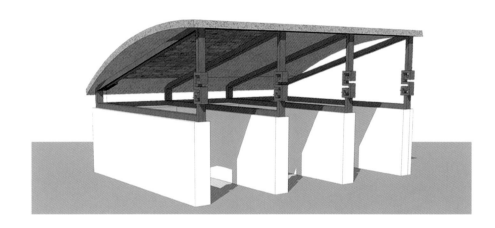

6.3.5　景观的改造与提升设计

6.3.5.1　景观分析

以主要干道为景观轴线，串联各个景观景点，包括广场街头绿地，尤其是山体附近的开敞空间（图6-3-20）。

6.3.5.2　广场

1．广场现状

村内缺乏集中的休闲广场，村民往往在门前或树荫下进行室外活动，应在村中设置一定规模的广场以满足村民当下休闲娱乐的需求。

2．广场设计

广场可以满足蒙古族村民运动健身以及举行相关特色活动的需求，如摔跤、蒙古象棋等。广场仍然以传统的蓝色和白色为主色调，铺装图案为传统的装饰纹样（图6-3-21）。

6.3.5.3　村落入口

1．村口现状

在村内的主要出入口处缺少明显的标识，也无入口的大门，应在适当的位置新建一处具有蒙古族特色的大门。

图例

▶◀◀◀◀ 主要道路

● 文化广场

● 休闲场地

● 绿地景观

▫ 出入口

▪ 指示牌

● 路牌

$$\frac{20}{21}$$

图6-3-20　景观框架图

图6-3-21　广场改造后效果图

2．村落入口设计

村口根据所处的不同位置，可分为横跨道路两侧和在道路一侧，整体色彩传承了蒙古族的蓝色、白色和金色，整体造型上来源于蒙古族传统装饰器物并在大门的局部着重运用了典型的图案纹样进行装饰（图6-3-22、图6-3-23）。

6.3.5.4 休闲座椅

1．座椅现状

在村中的公共空间没有休闲座椅，应结合村庄的景观节点和使用需求，适当放置一些休闲座椅。

2．休闲座椅设计

座椅根据不同的需求分为靠椅式和板凳式，板凳式座椅以石材为主要的材料，在凳面上重点进行装饰，靠椅式以木材为主要材料，在扶手造型上具象地继承了传统的纹样（图6-3-24、图6-3-25）。

图6-3-22　村口改造后效果图1

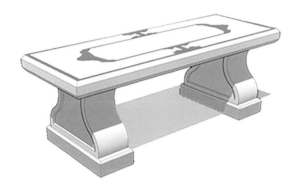

23 | 24
  | 25

图6-3-23　村口改造后效果图2

图6-3-24　座椅改造后效果图1

图6-3-25　座椅改造后效果图2

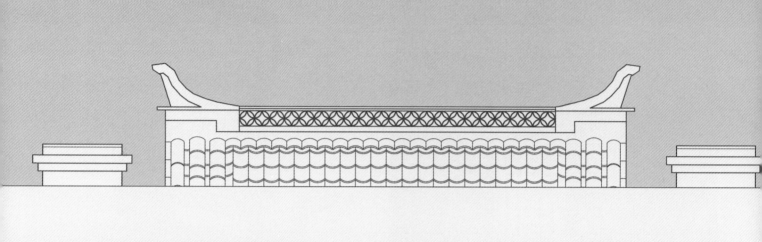

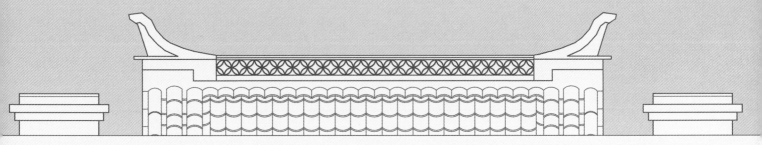

第7章
辽沈地区回族特色村落风貌建设引导
07

回族传统村落及民居特征性语汇符号提取

7.1.1 村落典型特征

7.1.1.1 村落选址

回族村落主要选址于地势平坦的平原地区，周围有易于开垦的田地。多依靠于重要的主干路，交通便利。

7.1.1.2 村落总体布局

辽沈地区回族村落主要有三种形式，一是块状的集中式布局，二是依托于主干路呈线性展开，三是块状和线性两者相结合的布局形式。

1. 集中式村落布局特征（图7-1-1）

1）道路为不规则式的网格路网；

2）农田围绕在村庄周围；

3）院落沿路布置，成行列式的布局。

2. 线性展开式布局特征（图7-1-2）

1）道路为规则式的网格；

2）农田围绕在村庄周围；

3）院落沿干道呈线性布置。

3. 集中式与线性结合村落布局特征（图7-1-3、图7-1-4）

1）道路为不规则式的网格路网；

1 | 2

图7-1-1 村落布局示意图1

图7-1-2 村落布局示意图2

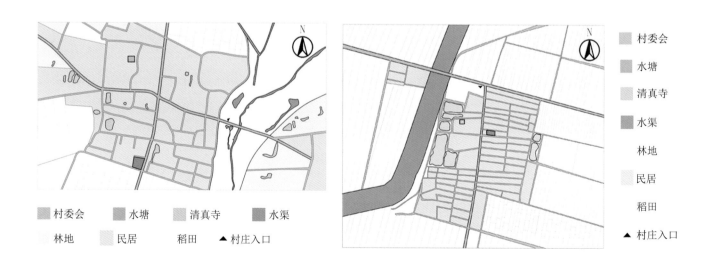

图例：村委会　水塘　清真寺　水渠　林地　民居　稻田　▲村庄入口

图7-1-3　村落布局示意图3

图7-1-4　村落布局示意图4

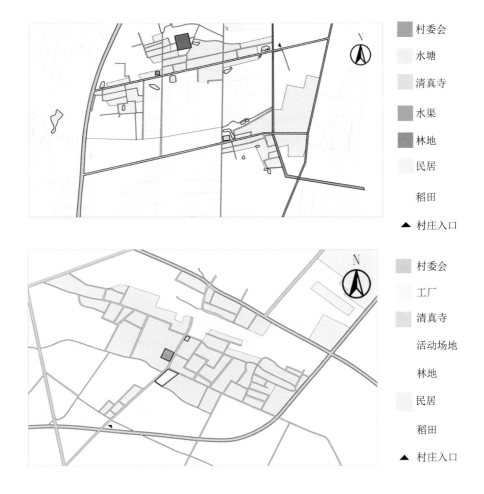

2）外部由农田围绕；

3）沿主要交通干道的院落呈线性的排列，网格路网两侧的院落呈行列式布局。

7.1.2　院落典型特征

回族院落往往据基地的大小、形状、周边环境以及日照条件进行布局，不讲究风水和八卦方位。喜爱在院内种植花草树木，同时受"以西为尊"的伊斯兰传统思想，院内的卫生间不管位置如何，其便坑的位置不得朝向西方。院落主要有独院型、三合院和四合院（图7-1-5～图7-1-15）。

1. 院落组成要素：主要居住用房、库房、卫生间、淋浴间、柴房和家禽舍，其中淋浴间是回族特有的构成要素；

2. 院落房屋组成：独院型院落主要居住用房位于院落的中心偏后或西北偏后，筑有平行的前后两排房屋，面向南的一排房往往是老人的住所，面向北

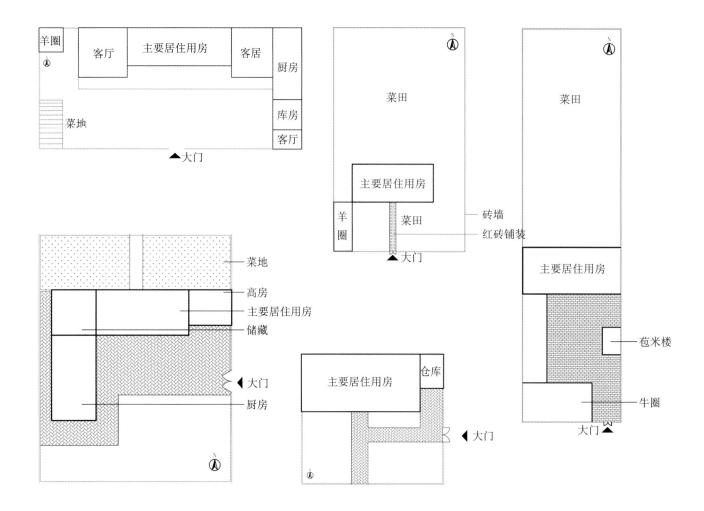

的一排房一般为子女的住房。三合院多为两世同堂的回族家庭民居，面南多为三间主要居住用房，东西两侧多为次要居住用房。四合院院落其北向和南向房屋各三间、东西两侧房屋各两间，呈四面围合；

3. 院落空间布局：独院型院落空间布局会在前院空地种植菜田，在院落的西侧设有独立的水房。多在东墙偏北开门，进门入院的走道与上方门前约两米宽的散水地平隔花池相连，走道北边则是庭院菜田。多在东墙偏北开门，进门入院的走道与上方门前约两米宽的散水地平隔花池相连，走道北边则是庭院菜田。三合院的院落空间布局多在南墙开院门，院内步道呈十字形布局。四合院多在南向或东向辟门。三合院与四合院多在院内布置花池。

7.1.3　主要居住建筑典型特征

回族的平面布局遵循"以西为贵"的伊斯兰传统思想，卧室靠西面布置，床铺不能迎门而设，睡觉时头向西边，朝向圣地麦加。厨房内一般设二至三口

5	6	9
7	8	

图7-1-5　**院落布局图1**
图7-1-6　**院落布局图2**
图7-1-7　**院落布局图3**
图7-1-8　**院落布局图4**
图7-1-9　**院落布局图5**

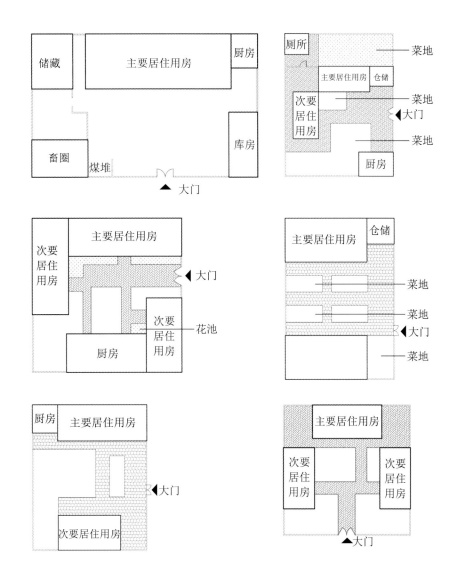

锅，各有不同的用途。回族民居的平面有"虎抱头"式、一出檐式和"一明两暗"式。

"一明两暗"式是沈阳回族民居的主要形式，平面多为三开间，部分为两开间。三开间房屋中间为厨房，两侧为卧室。其主卧多布置在西侧，且其开间尺寸比次卧要大。而非对称式布局。此外也有套间式的平面布局，主入口设在厨房，通过主卧连接厨房和次卧，储藏室设单独的出入口（图7-1-16~图7-1-18），外观形式可分为两坡顶和囤顶。

7.1.4　外观形态典型特征

建筑外观形式可分为硬山坡屋顶和硬山囤顶两种类型（图7-1-19~图7-1-21）。

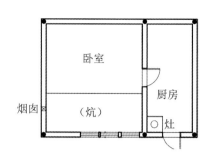
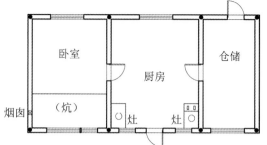
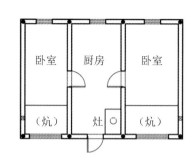

卧室 厨房 （炕） 灶 烟囱

卧室 （炕） 灶 厨房 仓储 灶 烟囱

卧室 厨房 卧室 （炕） 灶 （炕）

16	17	18
19		
20	21	

图7-1-16 "一明两暗"式典型平面1

图7-1-17 "一明两暗"式典型平面2

图7-1-18 "一明两暗"式典型平面3

图7-1-19 硬山坡屋顶典型外观图1

图7-1-20 硬山坡屋顶典型外观图2

图7-1-21 囤顶典型外观图

7.1.4.1 坡顶

1. **正立面**（图1-1-22、图7-1-23）。

1）由屋顶和屋身构成，屋身由墀头、门窗、窗间墙、槛墙、椽子横梁等木构件组成；

2）屋顶与屋身的比值约为1：1.5～1：2.5（图7-1-24）；

3）槛墙与屋身整体的比值约为1：3；

4）窗间墙高与宽的比值约为1.7：1；

5）墀头的宽度与高度的比值约为1：4.5～6（图7-1-25）；

6）双扇窗户的高度与宽度比值约为1：1.6（图7-1-26）。

2. **背立面**（图7-1-27）

窗户距山墙的距离与窗户宽度的比值约1.7：1，高度与宽度的比值约1.3：1。

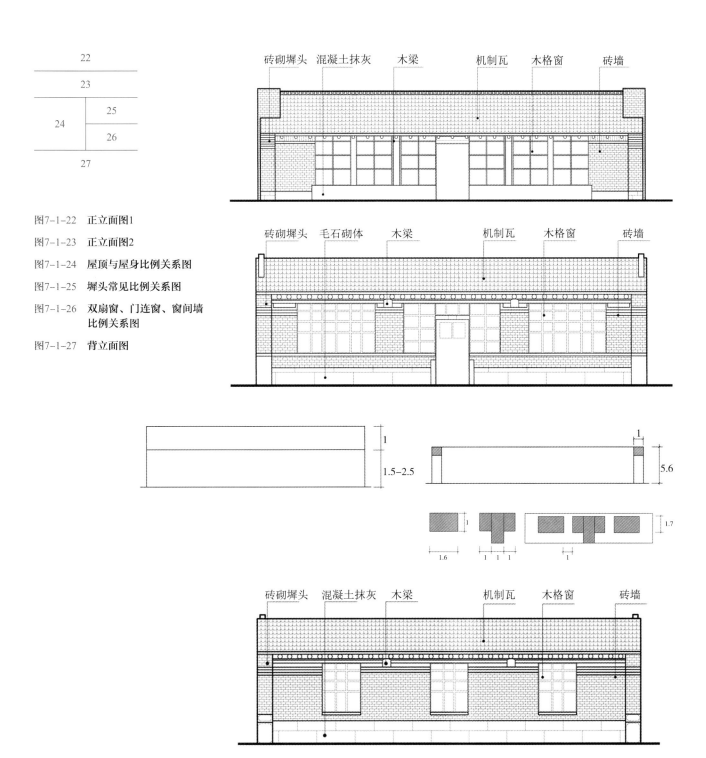

3. 侧立面（图7-1-28）

屋顶厚度与砖博风厚度的比值约为1∶2。

7.1.4.2　囤顶

1. 正立面（图7-1-29、图7-1-30）

1）望板与椽子和两道横梁各部分的比例约为1∶1.7～2∶1.7～2∶1.7～2；

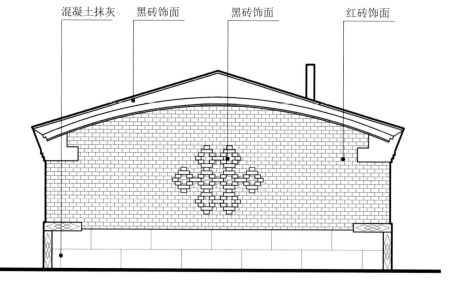

混凝土抹灰　黑砖饰面　　黑砖饰面　　红砖饰面

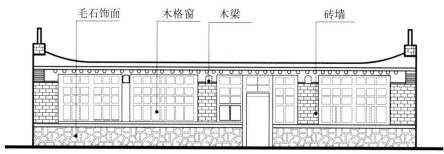

毛石饰面　木格窗　木梁　　砖墙

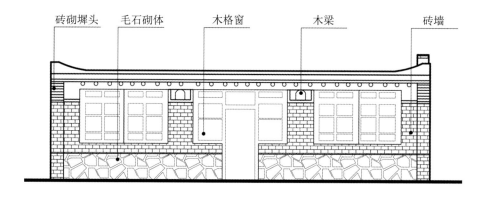

砖砌墀头　毛石砌体　木格窗　　木梁　　砖墙

图7-1-28　**侧立面图**
图7-1-29　**正立面图1**
图7-1-30　**正立面图2**

2）槛墙占整体檐墙的比值约为1∶2.2～2.6（图7-1-31）；

3）墀头宽度和高度的比值约为1∶7.5（图7-1-32）；

4）双扇窗户的高与宽度的比值为1.65∶1。

2. 背立面（图7-1-33、图7-1-34）

窗户至墙边的距离与窗户宽度的比值为1.5～1.7∶1；矩形窗户，其高与宽度的比值为1.3～1.5∶1。

3. 侧立面（图7-1-35、图7-1-36）

囤顶弦长与矢高比值约为100∶11～25∶3；屋顶厚度和砖博风厚度的比值

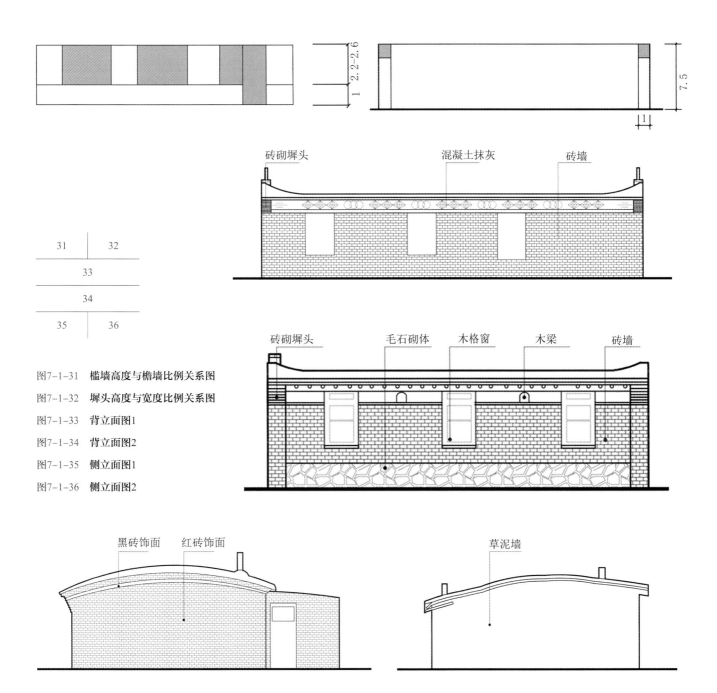

约为1∶2。

7.1.5 建筑装饰典型特征

依照伊斯兰宗教的习俗，建筑装饰中不允许出现人物或动物的形象，在室内的装饰上独具伊斯兰特色（图7-1-37）。

1. 墀头部位多为砖雕，主要有树木、花卉、葡萄、牡丹、荷花、菊花、

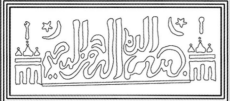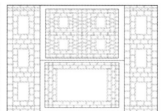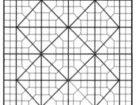

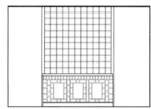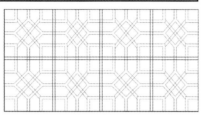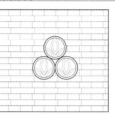

梧桐和石头等；

图7-1-37　装饰纹样图

2. 门窗部位主要为单八棱、双八棱、枣核盘尖和满天星等样式；

3. 墙面上主要为圆环、菱形、方形、矩形等几何连续样；

4. 室内的装饰多集中在墙上悬挂阿拉伯文或波斯文写成的字画以及富有伊斯兰特征的克尔拜挂毯，也有布置伊斯兰教历和公历对照的挂历。背景图案多为著名清真寺或天房等图画。回族的灶样式轻巧美观，表面抹红涂泥，经日常擦抹，油光发亮，有所谓的"神仙灶"之称。同时在回族主房的门楣上方，往往张贴或悬挂有阿拉伯书法的"都哇"也是回族家庭的标志，表明自己是穆斯林。

5. 依照宗教的习俗，建筑装饰中不允许出现人物或动物的形象，在室内的装饰上独具伊斯兰特色。

7.1.6 建筑色彩典型特征

1. 屋顶色彩：屋顶多为灰瓦，主要为灰色；

2. 墙身色彩：墙面多为红砖或青砖砌筑，窗下局部为毛石，以红或灰色为主；

3. 门窗及木构件色彩：门窗及外露的木构件外部为蓝色或青色；

4. 传统色彩：回族喜爱绿色、白色、蓝色和黑色等（图7-1-38、图7-1-39）。

7.1.7 建筑构造典型特征

回族民居多就地取材，经济实用，施工简便，分有土木结构和砖木结构或木构架填充围护墙和分室隔墙的。沈阳地区回族民居多为砖木结构。墀头多为叠涩式，一种为叠涩部位外凸于墙面，另一种整体外凸于墙面。室内一般不设吊顶，梁架直接暴露在外。在地面上立柱，柱上架大梁，梁上搭成排的原木棍，在木棍上铺秸秆编成苇席（图7-1-40）。

图7-1-38　**两坡顶典型外观图**

图7-1-39　**囤顶典型外观图**

图7-1-40　**檐下构造做法图**

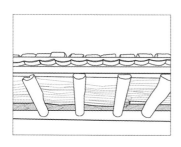

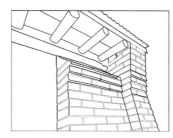

7.1.8 小结

辽沈地区的回族是在过去六百多年的时间里陆续迁移至此，因相同的民族信仰和生活习惯聚居在一起，一般不独立成村，而是与其他民族共同居住，这样便形成了"大分散，小聚居"的分布规律。在辽沈地区回族人口超过30%的村，即为回族村。这些回族村落既有穆斯林民族的典型特征，也有辽沈地区的地域性特征，现总概括如下：第一，在村落的显著位置（出入口、村中心等）布置清真寺（又称礼拜寺），有些回族村落还辟有专门的屠宰场所；第二，由于受伊斯兰教传统观念的影响，院落内的卫生间不管位置如何，便坑的方位不得朝向西方；第三，民居建筑单体的平面布局，卧室靠西面布置，床铺不能迎门而设，睡觉时头朝向西；第四，民居建筑单体的造型、建造方式及所用的材料与其周边的汉族民居类似，常见形式有两坡顶和囤顶两种，常用建筑材料有土、石、砖、瓦、草木等；第五，回族民居建筑装饰中不用人物或动物形象，墀头、门窗、墙面等重点装饰部位的纹样常用的有树木、花卉、几何图形等，用阿拉伯文书写的"清真言"是辽沈地区回族民居建筑上的醒目标志；第六，民居建筑整体色彩以土、石、砖、瓦、草木等材料的原色为主，在门窗及外露的木构件上施以回族喜爱的蓝色、绿色和白色。

7.2 体现回族特色的村落风貌建设引导

7.2.1 整体风貌建设目标

辽沈地区乡村中以回族为主体民族的村庄，其建筑和景观风貌应具有回族民族的鲜明特点。

7.2.2 村落景观风貌

7.2.2.1 保护和传承辽沈地区回族传统村落特有的自然环境

1. 最大限度地保护既有村落所依托的山水环境；

2. 对于既有村落已遭到人为破坏的山体、河道、植被等尽可能进行修补；

3. 新迁建村落的选址既要满足国家现行法律法规及上位总体规划要求，又要符合传统村落的选址特点。

7.2.2.2 保护和传承辽沈地区回族村落的格局和肌理

1. 对于既有村落的改造提升，要最大限度地保护和延续辽沈地区回族村落的布局特点和图底关系，以重要的公共建筑和公共空间为核心，以大量的民宅院落为分布面，以村内道路为交通线；

2. 保护与延续路网特点，即地处平原井字形及背山面水叶脉状；

3. 院落与院落之间的排列方式宜保留或延续传统的行列式或组团式；

4. 对于新迁建村落，在满足国家现行法律法规及当代人使用的前提下，应体现辽沈地区传统回族村落的格局及肌理特点。

7.2.2.3 突显具有辽沈地区回族文化特色的村落景观

1. 在村域范围内搭建具有回族特色的景观构架，应将村落中全部文化景观（包括山水环境、山水中的各类文化景观标志物、稻田及居民点中的景观点）全部纳入整体的景观结构中。

2. 重点建设具有辽沈地区回族特色的景观节点。

1）在村落的出入口应设置既能体现回族民居特点又具有村落自身产业等其特点的标志物；

2）村落中应设置2~3处活动广场，广场的位置宜选在村民方便到达、人员活动较集中的区域，如村委会、清真寺等周边；广场中的设施除应满足当地村居普遍的活动内容外，还应满足回族特有的民俗活动，应设置具有回族传统民族特色的设施；广场中各景观要素——景墙、景亭、廊、铺地及植物模纹等都应体现辽沈地区回族文化特点。

3. 村落中公共设施，包括路灯、座椅、垃圾箱、公共厕所、公交站牌、导视牌、道路铺装等在造型装饰上均应体现辽沈地区回族文化特点。

4. 村落的绿化应满足宜居乡村建设标准且采用回族喜爱花卉和树种（图7-2-1）。

7.2.2.4 村落总体色彩应体现沈阳地区回族传统村落的色彩特点

提取沈阳地区回族喜爱用色，形成色谱（图7-2-2）。

7.2.3 院落风貌

1. 对形成于新中国成立前，且具有辽沈地区回族传统院落特点及传统生产生活方式特点的院落，应进行重点保护，尽可能完整保留院落的各个要素、平面、布局和空间尺度，对于后期拆除或改建部分，应根据原状进行复原。

2. 对于新中国成立后，特别是改革开放后形成的院落，在满足村民当代需求的基础上，应根据传统院落的构成要素及各要素之间的比例关系进行适当改造。对于院落中除了

新疆杨
4～5月白花

枣树
8～9月红果

梓树
6～7月白花8～10月绿果

榆叶梅
4～5月粉花5～7月红果

灯台树
5～6月白花

白桦
白皮，金黄色叶

凤仙花
7～10月花期颜色多

荷花
5～6月粉白花

丁香
5～6月紫花

胡杨

胡椒
6～10月花期

石榴
5～6月红花9～10月红果

黄杨球
常绿

毛樱桃
4月粉花5～6月红果

牡丹花
5月粉红色花

百日草
6～9月花期7～10月果期

凤仙花
7～8月花期颜色多

鸡冠花
7～9月红花

马兰花
5～6月紫花6～9月果期

杜鹃
4～5月粉红花

图7-2-1　推荐花卉和树种

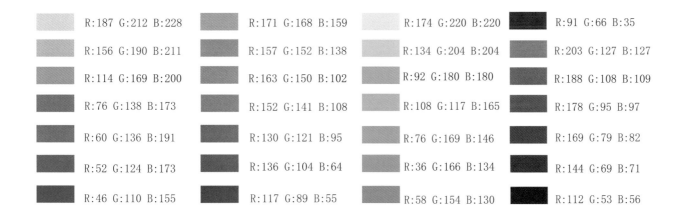

R:187 G:212 B:228	R:171 G:168 B:159	R:174 G:220 B:220	R:91 G:66 B:35
R:156 G:190 B:211	R:157 G:152 B:138	R:134 G:204 B:204	R:203 G:127 B:127
R:114 G:169 B:200	R:163 G:150 B:102	R:92 G:180 B:180	R:188 G:108 B:109
R:76 G:138 B:173	R:152 G:141 B:108	R:108 G:117 B:165	R:178 G:95 B:97
R:60 G:136 B:191	R:130 G:121 B:95	R:76 G:169 B:146	R:169 G:79 B:82
R:52 G:124 B:173	R:136 G:104 B:64	R:36 G:166 B:134	R:144 G:69 B:71
R:46 G:110 B:155	R:117 G:89 B:55	R:58 G:154 B:130	R:112 G:53 B:56

图7-2-2 **景观要素推荐色谱**

主体建筑以外的院门、围墙、院与院之间的隔墙、院内铺地、存放粮食及杂物的仓库及堆放柴草等燃料的地方均应结合使用要求，由于受"以西为尊"的伊斯兰思想，院内厕所在何位置其便坑都不得朝西。对外观形式进行改造提升，使其体现辽沈地区回族民族特点（图7-2-3~图7-2-5）。

3. 对于新建的院落，在满足国家现行法律法规及村民使用要求的前提下，院落的布局形态尽可能体现传统院落的构图及比例尺度等特点。

7.2.4 建筑风貌

1. 对于建成在新中国成立之前，且具有辽沈地区回族传统民居典型特点的房屋(目前这类建筑在辽沈各地的回族村中存量不多)，必须进行保留并进行重点保护。对于破损部分，应根据原貌进行妥善维修。

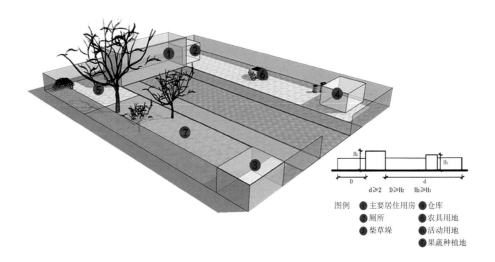

图7-2-3 **院落比例关系图1**

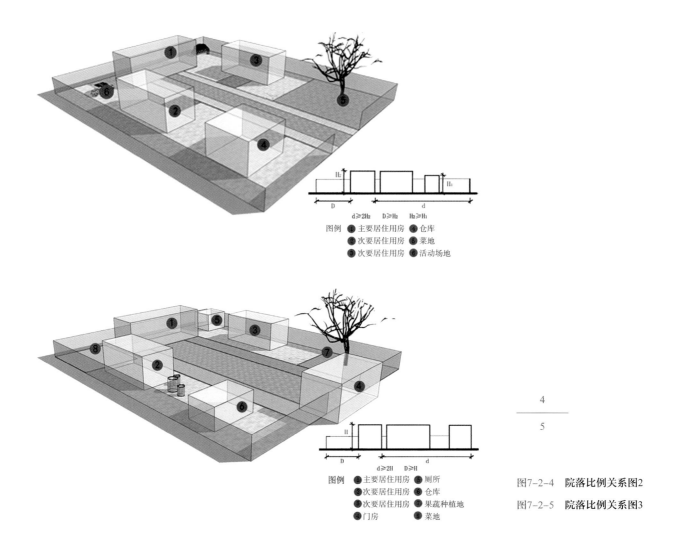

图例　①主要居住用房　④仓库
　　　②次要居住用房　⑤菜地
　　　③次要居住用房　⑥活动场地

图例　①主要居住用房　⑤厕所
　　　②次要居住用房　⑥仓库
　　　③次要居住用房　⑦果蔬种植地
　　　④门房　　　　　⑧菜地

$\dfrac{4}{5}$

图7-2-4　院落比例关系图2

图7-2-5　院落比例关系图3

2. 对于建成在新中国成立后，特别近二、三十年建成的房屋，结合村民使用要求，进行不同程度的提升和改造，以体现辽沈地区回族民居特点。

1）对于整体质量很好，建成时间很短，且缺少回族建筑风貌特色的房屋，应在充分尊重现状的基础上，适当增加回族传统建筑符号，包括檐下、门镂空花式墙面仿木结构框架、山墙绘画以及整体色调和局部色彩的处理，来突显出辽沈地区回族的民族特点；

2）对于整体结构较好、但屋面、墙体及门窗有局部破损，缺少墙体和屋面保温，整体风貌缺少回族民族特点的房屋，应在修缮和保温改造中体现辽沈地区回族的民族特点。

3. 对于村民拟新建的房屋，首先应满足国家现行的法律法规及当代使用要求，其次房屋的外观形态和细部装饰应体现辽沈地区回族的民族特点。

4. 村中的公共建筑和居住建筑的色彩，应采用以下推荐色谱（图7-2-6）。

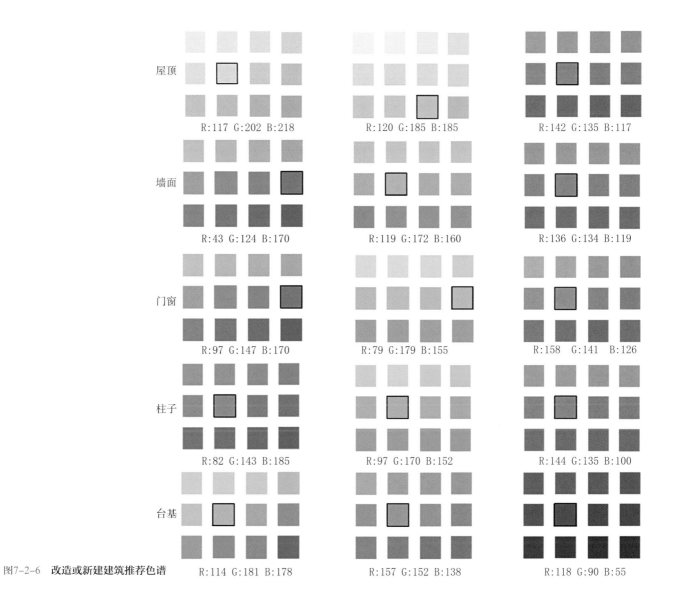

屋顶　　R:117 G:202 B:218　　　R:120 G:185 B:185　　　R:142 G:135 B:117

墙面　　R:43 G:124 B:170　　　R:119 G:172 B:160　　　R:136 G:134 B:119

门窗　　R:97 G:147 B:170　　　R:79 G:179 B:155　　　R:158 G:141 B:126

柱子　　R:82 G:143 B:185　　　R:97 G:170 B:152　　　R:144 G:135 B:100

台基　　R:114 G:181 B:178　　　R:157 G:152 B:138　　　R:118 G:90 B:55

图7-2-6　改造或新建建筑推荐色谱

7.3 设计示例——沈阳市沈北新区新台子村村庄风貌提升设计

7.3.1 现状风貌及问题

新台子村位于辽宁省沈阳市苏家屯区永乐乡，属于典型的回族村，清真寺位于村最北面，院落类型有正房院落、一正房一厢房院落、一正房两厢房院落、带牛棚院落、前后院院落及两正房院落六种（图7-3-1）。

新台子村的房屋在外观上，院门尺寸、风格各异，院内的卫生间和柴草垛外观较差，大部分院落缺乏绿化景观且未能充分体现出回族文化。在功能上，院落布局简单，功能杂乱。在质量上，院墙和院门多出现破损，道路场地的铺装破损冻裂或未硬化，建筑水泥台基也有不同程度的破损，院内的仓房、柴草棚等建筑或构筑物质量较差（图7-3-2）。

7.3.2 院落的提升改造设计

7.3.2.1 示例一

1. 院落现状

院门及院墙保存质量较好，但是没有体现回族特色文化；院落内部功能混乱，功能分区不明确，并没有体现典型的回族传统风貌（图7-3-3）。

图7-3-1 新台子村区位及现状图

$\dfrac{2}{3}$

图7-3-2　新台子村建筑与景观
　　　　　现状图

图7-3-3　示例一院落现状图

2. 院落改造提升方案

　　保留了原先的院落布局形式，明确其功能分区，运用当地的乡土材质及回族特色语汇符号对整体院落进行不同程度的改造与设计（图7-3-4、图7-3-5）。

图7-3-4　示例一院落改造后效果图

图7-3-5　示例一院落改造后局部效果图

7.3.2.2 示例二

1. 院落现状

院落沿街一侧院墙质量较差，院落功能布局混乱，厕所位置私密性差，气味影响较大，铺装不完整，没有与建筑功能相结合（图7-3-6）。

2. 院落改造提升方案

明确了院落的功能分区，将厕所位置更改至正房东侧与庭院绿化结合，私密性提高，且有助于隔离气味。庭院铺装进一步完整，添加花架、果树等构成庭院景观（图7-3-7、图7-3-8）。

6
___
7

图7-3-6 示例二院落现状图

图7-3-7 示例二院落改造后效果图

图7-3-8　示例二院落改造后局部
效果图

7.3.3　建筑单体提升改造设计

7.3.3.1　示例一

1. 建筑现状

建筑的屋面及屋顶破损较严重，铝合金门窗多出现开裂现象，密封性差，窗户玻璃为单层，保温性差，散水处有裂缝现象出现，整体建筑风貌民族特色不明显（图7-3-9）。

2. 建筑改造提升方案

保留了原建筑的结构与形式，对于损坏较轻的部分加以修缮，对于破损严重的门窗部分，则重新按照原比例进行材质更换，保证其保温性能，对于屋面，则运用回族典型的语汇符号进行装饰（图7-3-10、图7-3-11）。

7.3.3.2　示例二

1. 建筑现状

建筑立面破损较严重，木质门窗保存质量较差，铝合金门窗密封性差，建筑整体风貌并没有体现回族特色文化（图7-3-12）。

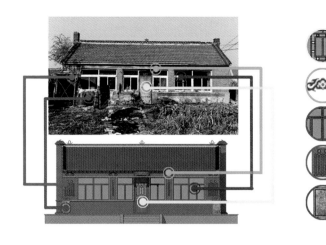

9	10
11	
12	

图7-3-9　示例一建筑现状图

图7-3-10　示例一建筑立面改造过程图

图7-3-11　示例一建筑改造后效果图

图7-3-12　示例二建筑现状图

2. 建筑改造提升方案

保留原建筑的形式与结构，对损坏的门窗进行了材质与造型上的改造，增加民族特色墙垛，屋顶及屋面也增加了民族装饰，使建筑整体具有回族传统风貌（图7-3-13、图7-3-14）。

7.3.4　附属设施提升改造设计

7.3.4.1　附属设施现状

1. 院门现状

大部分铁艺院门老化严重，出现腐蚀现象，院门镂空样式混杂，形式粗

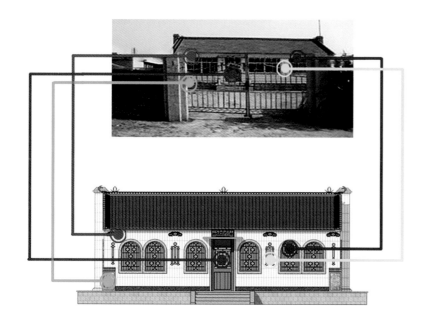

13	14
15	
16	

糙，门扇与门柱及周围的院墙结合生硬，不仅现代感不足且又无传统风貌（图 7-3-15）。

　　保留院门的结构与骨架，对门扇加入了回族特色纹样的细节处理，满足了美观、实用等要求，使院门的整体风貌具有回族特色（图7-3-16）。

图7-3-13　建筑改造改建过程图

图7-3-14　建筑改造后效果图

图7-3-15　院门现状图

图7-3-16　改造后院门立面图

7.3.4.2 院墙

1. 院墙现状

院墙老化现象严重，与道路两侧建筑风貌不一致，形式与材质较单一，未能体现回族传统风貌（图7-3-17）。

2. 院墙改造提升方案

在已有砖墙上浇注带销键的梁托与上部砌体形成墙梁来承托洞口上墙体的荷载，提取伊斯兰传统纹样和预制挂饰与墙体结合，运用回族喜爱用色进行色彩上的风貌引导（图7-3-18）。

7.3.4.3 卫生间

1. 卫生间现状

卫生间位置分布杂乱，大多没有起到私密隐私作用,材质单一，形式单调，没有表现回族特色，气味影响较为严重，影响村庄风貌（图7-3-19）。

2. 卫生间改造提升方案

在原有青砖及红砖的基础之上，将预制的耐腐蚀性较强的塑钢回族特色窗花与回族传统花纹与砖墙结合，体现回族特色（图7-3-20）。

图7-3-17　院墙现状图

图7-3-18　改造后院墙立面图

图7-3-19　卫生间现状图

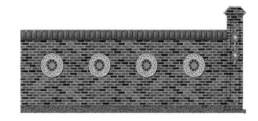

7.3.4.4 家禽舍

1. 家禽舍现状

材质形式单一，不能体现回族村庄风貌，位置分布杂乱，影响院落的交通流线，气味影响较大，破坏村庄整体风貌（图7-3-21）。

2. 家禽舍改造提升方案

合理布局家禽舍后，在原有家禽舍的构造基础上加建棚顶和舍门，提取回族特色建筑符号进行装饰，从整体上体现回族特色风貌（图7-3-22、图7-3-23）。

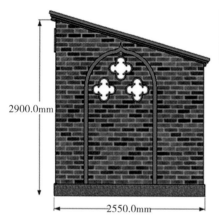
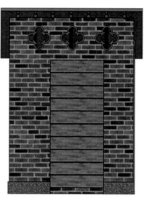
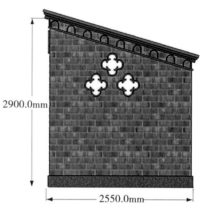
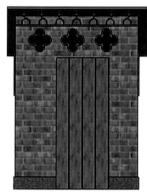

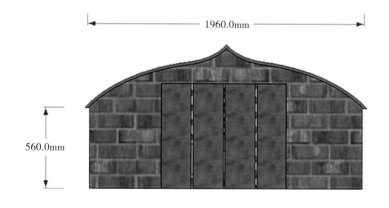
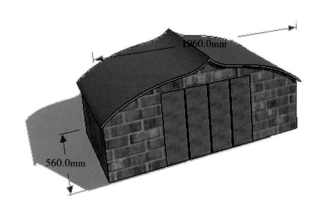

24	
25	26

图7-3-24　**柴草垛现状图**

图7-3-25　**改造后柴草垛立面图**

图7-3-26　**改造后柴草垛效果图**

7.3.4.5　柴草垛

1. 柴草垛现状

没有固定的堆放位置，影响院落整体流线；没有围合的空间，破坏院落整体风貌；没有统一风格，不能体现回族特色（图7-3-24）。

2. 柴草垛改造提升方案

钢架与彩钢屋顶结合，提取伊斯兰传统色彩与半穹顶式结构重新建造回族特色的柴草垛，可拆卸可移动，方便村民日常生活（图7-3-25、图7-3-26）。

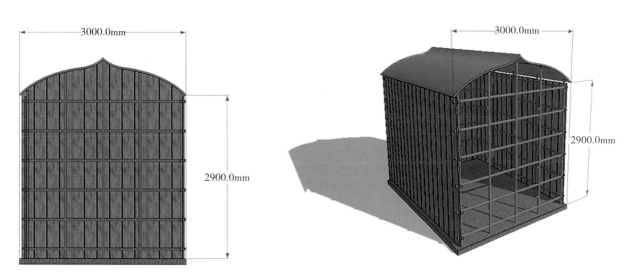

7.3.4.6 分隔墙

1. 分隔墙现状

材质单一，没有体现回族村特色；分隔墙不完整，分布杂乱；现有分隔墙没有利用空间（图7-3-27）。

2. 分隔墙改造提升方案

红砖刷灰色涂料，与院墙改造后颜色一致；在砖墙上浇筑混凝土承托洞口上墙体荷载；局部的洞口形成小型的利用空间；预制民族符号挂件与墙体结合（图7-3-28）。

27
28

图7-3-27 分隔墙现状图

图7-3-28 改造后分隔墙立面图

7.3.4.7 铺地

1. 铺地现状

现有铺装多为砖石铺装，材质单一；现有铺装大多不完整，排布杂乱；现有铺装不能很好地与院落功能布局结合；现有铺装缺乏整体特色（图7-3-29）。

2. 铺地改造提升方案

针对现状铺地保存质量的不同进行相应不同程度的改造设计，运用当地的材质，结合传统回族特色语汇符号进行铺地的风貌设计（图7-3-30）。

7.3.4.8 门窗

1. 门窗现状

老式木窗破坏程度不一，样式多样，统一修复可操作性差；塑钢窗很少能体现地域民族特色；现存窗都缺少防盗措施，安全性低（图7-3-31）。

2. 门窗改造提升方案

保持原门窗结构，或重新换成拱形塑钢窗边框，窗框外装饰仿大理石装饰构件，色彩采用回族喜爱用色，从而构成符合回族的特色风貌（图7-3-32）。

图7-3-29　铺地现状图

图7-3-30　改造后铺地平面图

图7-3-31　门窗现状图

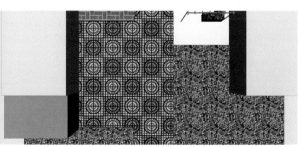

7.3.5 村庄景观环境提升设计

7.3.5.1 景观分析

1. 景观现状

村口无标识物；村内只有村委会一个活动广场，不能满足村民的日常活动；村内垃圾收集点较少，导致村内垃圾随意堆放；主要道路无照明设施；植物景观层次杂乱（图7-3-33）。

本次设计由两条景观轴线、五个景观节点及多条绿化带组成；主要景观轴线为南北走向，轴线上分布的主要景观节点有村入口、村委会广场、休闲广场；次要景

图7-3-32 改造后门窗样式图
图7-3-33 景观现状图

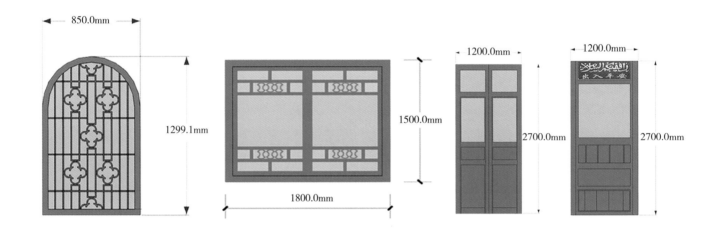

观轴线为东西走向，主要景观节点有休闲广场、水塘、街边道路绿化。采用伊斯兰建筑符号、特色纹样等元素，为新台子村打造回族特色的景观效果（图7-3-34）。

7.3.5.2 景观提升设计

1. 村口标识

村口标识具有识别作用，应重点打造。本设计提取清真寺建筑外轮廓作为元素，加上回族特色语汇符号构成入口标识物（图7-3-35）。

2. 广场

根据回族习俗打造适合新台子村村民的特色文化广场，构筑物体现了回族文化特征，运用回族喜爱的蓝白两色协调广场整体风貌（图7-3-36）。

34
35

图7-3-34 改造后景观构架图

图7-3-35 改造后村口标识效果图

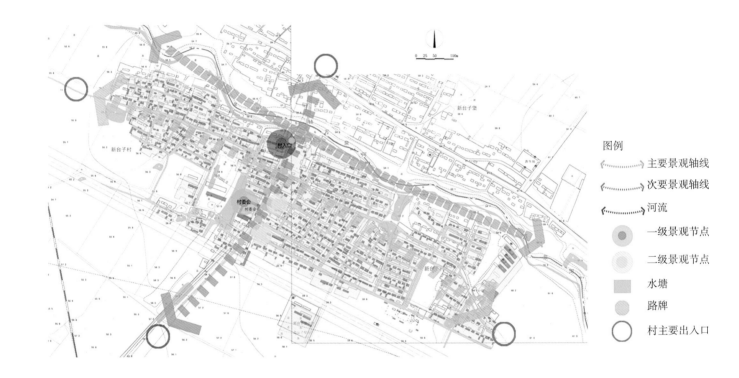

图例
- 主要景观轴线
- 次要景观轴线
- 河流
- 一级景观节点
- 二级景观节点
- 水塘
- 路牌
- 村主要出入口

回族村

3．设施与小品

对于包括路灯、指示牌、垃圾箱、公交站牌等的设施小品，保留现状设施及小品的尺度及结构，运用传统回族特征语汇符号及传统用色对其进行外轮廓造型的改造设计，使其具有传统回族特色风貌（图7-3-37~图7-3-44）。

图7-3-36 改造后广场效果图

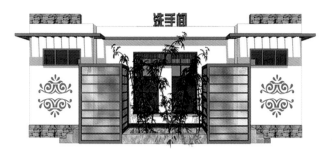
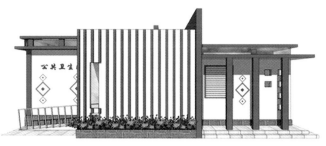

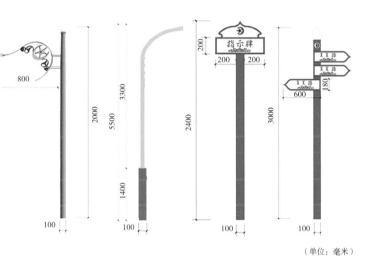

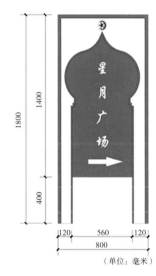

（单位：毫米）

（单位：毫米）

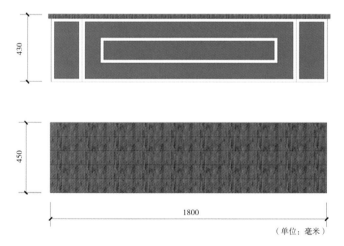

（单位：毫米）

	37	
38		39
	40	

图7-3-37　改造后公厕效果图

图7-3-38　改造后灯杆立面图

图7-3-39　改造后导视牌立面图

图7-3-40　改造后座椅平面图、立面图及效果图1

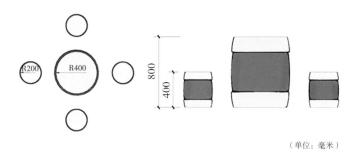

（单位：毫米）

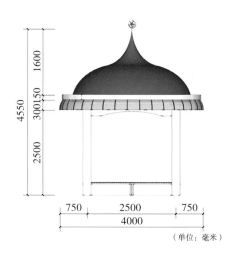

（单位：毫米）

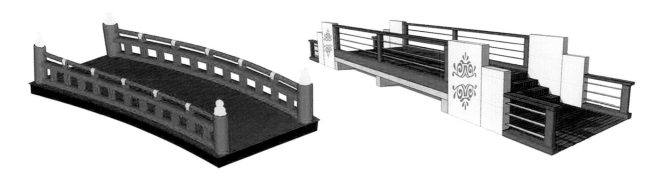

图7-3-44 改造后特色小桥效果图

第 8 章

结　语

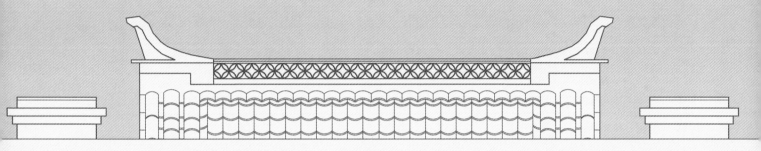

辽沈地区是中国七大河流之一——辽河流经的核心区域，这里有五千年前人类聚居的聚落，众多的少数民族政权在这里分立迭起，中原汉族在这里进进出出，清朝之后这里更是作为都城进行营建。清朝时，满族在这里崛起，南迁的锡伯族人在这里落脚。19世纪后，朝鲜族的流民开始在这里生活。无论从自然环境角度，还是历史文化角度，在这里人们营建的居住环境——村落和建筑都别具特色。

该书着重阐述了以下五个方面的内容：第一，挖掘了形成辽沈地区宜居乡村风貌的地域和民族特色的因素。该书利用气象、水利、地质、土地等相关部门提供的数据，梳理出影响辽沈地区乡村风貌的因素。利用文物考古资料和有关社会学、历史学、民俗学等学科中已有成果，挖掘出该地区乡村的历史文化特征形成的因素。第二，根据乡村风貌建设目标，将该地区宜居乡村风貌按村中主体民族分成六大类型——汉族、满族、蒙古族、锡伯族、朝鲜族和回族。这六个民族是辽沈地区人口数量较多，分别占人口总数前六位的民族。第三，对于上述的每一类乡村，通过深入挖掘乡村在选址、总体格局和肌理、道路交通组织、整体景观环境构架、典型院落、主体建筑、附属建筑、附属设施、景观节点、家具小品等方面的特点，确定风貌引导的指标要素；在此基础上借鉴国内外文化基因的甄别和提取方法，进行上述全部要素的特征性语汇符号提取。第四，构建引导体系，形成指导性技术文件，该体系由村落风貌整体建设目标、村落景观风貌引导、院落风貌引导和建筑风貌引导四个部分。第五，笔者选定了沈北新区新民村（锡伯族）、中寺村（满族）、新台子村（回族）、尹家（汉族）、曙光（朝鲜族村）和康平县万宝营子村（蒙古族村），将以上成果应用于这六个宜居乡村示范村的风貌设计和建设上。

特别需要说明的是，对于村落风貌建设的引导，其实并不是简单的"穿衣戴帽"，而是必须与每个村落的具体情况，紧密结合村落各自的产业结构和未来经济发展，外显的形式一定是村落内涵的表达。

对于全省而言，地域内部的差异也是十分明显的，迥异的自然环境和社会环境催生出了农耕、渔猎、游牧等不同的生产方式，因此产生了与之对应的乡村特点。同一民族乡村根据其形成过程、人口构成、所处自然环境不同，又有各自不同的特点。这方面有待进一步的深入挖掘，真正做到每个村庄都有自己独特的魅力。以保证最终的文件既有统一性，又有差异性，避免新的"千村一面"。此外，目前制定的指导标准在实际应用中还需要进一步完善和修正。

参考文献

［1］张国庆，杨真静. 小城镇风貌设计中地域文化的再现与延续［J］. 重庆建筑，2006，（Z1）：35-38.

［2］邓蜀阳，向传林. 重庆江北区鱼嘴镇双溪村风貌整治实践［J］. 南方建筑，2006，（09）：29-31.

［3］疏良仁，肖建飞，郭建强，朱娟. 城市风貌规划编制内容与方法的探索——以杭州市余杭区临平城区风貌规划为例［J］. 城市发展研究，2008，（02）：149-153.

［4］顾鸣东，葛幼松，焦泽阳. 城市风貌规划的理念与方法——兼议台州市路桥区城市风貌规划［J］. 城市问题，2008，（03）：17-21.

［5］王晨. 地域建筑风貌设计方法研究——以重庆为例［J］. 天水师范学院学报，2010，30（05）：132-136.

［6］王晓. 小城镇地域传统建筑风貌整治设计研究［D］. 重庆：重庆大学，2012.

［7］杨钏. 开江普安新农村风貌规划与设计研究［D］. 重庆：重庆大学，2013.

［8］王丽萍. 乡村风貌营造研究［D］. 杭州：浙江大学，2012.

［9］林隽. 新农村背景下浙江练市镇村落风貌建设研究［D］. 杭州：浙江大学，2012.

［10］苏放. 新农村建设中的住宅建筑风貌塑造研究［D］. 成都：成都理工大学，2011.

［11］吴锐. 长兴县典型村落的风貌整治设计研究［D］. 杭州：浙江大学，2010.

［12］王方园. 赣东新农村住宅建筑风貌外观特征设计研究［D］. 南昌：南昌大学，2014.

［13］张钦楠. 建立中国特色的建筑理论体系［J］. 建筑学报，2004，（01）：21-23.

［14］谢渝辉. 记忆的回归［J］. 中外建筑，2007，（11）：36-37.

［15］刘西. "新乡土主义"在建筑风貌研究中的应用探讨——以广西大明山国家级自然保护区建筑风貌研究为例［J］. 规划师，2009，25（12）：43-46.

［16］张垚，毛东辉，袁永记. 建筑类型学在传统风貌地段保护与更新中的应用［J］. 小城镇建设，2011，（03）：74-79.

［17］周立军，陈伯超，张成龙，孙清军，东北民居［M］. 北京：中国建筑工业出版社，2009.

［18］沈阳市精神文明办公室. 沈阳地区文化村落名录［M］. 沈阳：辽宁民俗学会.

［19］沈阳市精神文明办公室. 沈阳地区乡镇村落地名溯源［M］. 沈阳：辽宁民俗学会.

［20］徐瑾. 基于建筑整体性的建筑元素设计研究［D］. 天津：天津大学，2014.

［21］魏佳赟. 传统村落保护导向下的关中乡土景观元素提炼与传承研究［D］. 西安：西安建筑科技大学，2015.

［22］王瑞云. 地域性符号的分析与提取［D］. 南京：江南大学，2009.

［23］卿源. 论建筑符号学在地域建筑设计中的应用［J］. 中华民居（下旬刊），2014，（09）：78-79.

［24］胡玉康，潘天波. 茅屋、文化与美学——论观念与现象的建筑符号学构成［J］. 设计艺术（山东工艺美术学院学报），2011，（02）：12-15.

［25］章雷. 浅析建筑符号学中建筑深层结构的规律［J］. 山西建筑，2004，（18）：8-9.

［26］郝慧敏，赵宇飞. 建筑符号学在建筑造型设计中的运用［J］. 广东石油化工学院学报，2012，22（01）：74-77.

［27］Yoshitsugu MORITA. A Study on Design Method for Urban Environmental Installations in Streetscapes-Role and Effect of Systematization and Individualization of Urban Environmental Installations［A］. 南京理工大学机械工程学院. Proceedings of the International Conference on Mechanical Engineering and Mechanics 2005（Volume1）［C］. 南京理工大学机械工程学院，2005：9.

［28］Yang Z, Li-Bo Y U, Dai L B. Analysis on Architectural Design of Village Committee Buildings in the New Countryside of Cold regions［J］. Journal of Tianjin Institute of Urban Construction，2010.

［29］Howard D C, Petit S, Bunce R G H. Monitoring multi-functional landscapes at a national scale – guidelines drawn up from the Countryside Survey of Great Britain［J］. 2000：3-18.

［30］Kim S B, Lee S J, Rhee S Y. Landscape Design for the Rural Village – A Case Study of Naegokri, Yeohang-myeon, Haman-gun –［J］. 2008, 2008, 14（1）.

［31］Hampshire County Council. The Castle,Winchester, Hampshire SO23 8UJ；info@hants.gov.uk.Countryside Service Design Standards［J］. 2015.

［32］Myers M. My Kind of Countryside：Finding Design Principles in The Landscape by Roger G. Courtenay（review）［J］. Landscape Journal Design.

后记

笔者对于辽沈地区传统村落和民居的研究始于20世纪90年代末，攻读硕士学位时，由于论文选题是中国东北地区朝鲜族民居研究，从此与这个地区传统人居环境营建研究结下了不解之缘。二十年来，一直致力于相关工作，从未中断。尤其关注该地区满族、朝鲜族、锡伯族等民族传统建筑特色的挖掘、保护和传承。恰逢2017年10月18日，习近平总书记在党的十九大报告中提出的"乡村振兴战略"，让更多人的把目光聚焦乡村。使得常年行走在乡村的我们，终于有了用武之地。该书是在笔者所带领的团队为当地政府提供指导乡村风貌建设的技术文件的基础上，重新编写而成。如果该书能成为当地各级政府村镇建设主管部门的参考书，并能够对全国其他地区有所借鉴的作用，那将是对笔者所在团队多年执着求索的最好安慰。

该书由沈阳建筑大学和沈阳市村镇建设办公室共同编写。参加该书中第一部分（即具有辽沈地区六个民族特色的村落和民居特征性语汇符号的提取）和第二部分（即体现辽沈地区民族特色的村落风貌建设引导）调研和研究的人员有朴玉顺、林慧、庞一鹤、刘盈、窦晓冬、徐超、楚家麟、刘钊、秦家璐、吕舒宁等；参加该书第三部分（即设计示例）设计的人员有朴玉顺、彭晓烈、马雪梅、原砚龙、刘万迪、李皓、姚琦等；参加该书编写、排版、图片处理等的人员有庞一鹤、刘盈、窦晓冬，其中庞一鹤负责的是蒙古族和朝鲜族部分，刘盈负责的是满族和锡伯族部分，窦晓冬负责的是汉族和回族部分。

在该书即将完稿之际，首先感谢沈阳市城乡建设委员会石国琦副主任，沈阳市村镇建设办公室张雪松主任、马飞副主任的指导、信任和支持，使得笔者及所带领的团队能够有机会参与真正的乡村建设，对家乡的乡村振兴有所贡献，同时也特别感谢各位领导积极助推研究成果的出版。其次，特别感谢一年来一直站在我身边，勤勤恳恳努力工作的团队成员，忘不了你们风雨兼程的调研，忘不了你们披星戴月的整理图片、查找资料，忘不了一次又一次调整研究内容，没有你们的付出，就不会有该书的问世。此外，该书是基于笔者所在的沈阳建筑大学建筑研究所多年的研究成果，包含了多位老师和研究生的辛苦工作，在此一并感谢。

由于编写时间仓促，书中错误在所难免，恳请方家不吝赐教。

朴玉顺

2018年10月

图书在版编目（CIP）数据

辽沈地区民族特色乡镇建设控制指南／朴玉顺编著．
—北京：中国建筑工业出版社，2018.12
（中国传统村落保护与发展系列丛书）
ISBN 978-7-112-23056-3

Ⅰ．①辽… Ⅱ．①朴… Ⅲ．①民族地区－村落－乡村
规划－辽宁－指南 Ⅳ．①TU982.293.1-62

中国版本图书馆CIP数据核字（2018）第281227号

　　本书在对辽沈地区近2000个汉族、满族、朝鲜族、锡伯族、蒙古族和回族传统村落的自然资源和历史文化资源特色挖掘的基础上，借鉴国内外关于地域特色语汇符号甄别和提取的先进方法，梳理出辽沈地区六大主体民族各具特色的、可用于风貌建设的特征性语汇符号，构建出可以切实指导辽沈地区民族乡村风貌建设的控制标准，最终为相关主管部门和设计人员提供具有科学性、指导性和可操作性的技术文件。本书适用于建筑学、城乡规划、文化遗产保护等专业领域的学者、专家、师生，以及村镇政府机构等人阅读。

责任编辑：孙　硕　胡永旭　唐　旭　吴　绫　张　华　李东禧
版式设计：锋尚设计
责任校对：王　烨

中国传统村落保护与发展系列丛书
辽沈地区民族特色乡镇建设控制指南
朴玉顺　编著
＊
中国建筑工业出版社出版、发行（北京海淀三里河路9号）
各地新华书店、建筑书店经销
北京锋尚制版有限公司制版
北京富诚彩色印刷有限公司印刷
＊
开本：880×1230毫米　1/16　印张：18　字数：371千字
2018年12月第一版　2018年12月第一次印刷
定价：208.00元
ISBN 978－7－112－23056－3
　　　（33122）